U0336872

同济博士论丛
TONGJI Dissertation Series

总主编 伍江　副总主编 雷星晖

翟 双　周 苏　孙澎涛　著

质子交换膜燃料电池仿真方法 及若干现象研究

Study of Numerical Methods and Several Typical Phenomena of Proton Exchange Membrane Fuel Cell

同济大学 出版社
TONGJI UNIVERSITY PRESS

内 容 提 要

质子交换膜燃料电池(PEMFC)是燃料电池的一种,具有高效率、零排放、低噪声和低操作温度等优点,适用于车辆、移动电源和应急电源等。本书主要做了三个方面的工作:在模型研究方面,有效解决了 PEMFC 气液两相模型扩散系数间断导致的迭代发散和振荡问题,并提出了基于组分与质量守恒的分布参数模型数值验证方法。在仿真方法方面,为发挥 PEMFC 分布参数模型和集总参数模型的优点并弥补各自缺陷,建立了协同仿真模型。基于该平台,对加载过程中出现的 undershoot 现象进行了全面合理的解释。在现象研究方面,基于建立的完整 PEMFC 电堆分布参数模型,仿真分析了堆内单池电压非一致分布的主要影响因素。通过考虑对流传质,将原仅能在低电流下仿真电磁阀开关对电堆性能影响的模型扩展到在中等电流下也能适用。

本书可作为燃料电池领域研究人员的参考用书。

图书在版编目(CIP)数据

质子交换膜燃料电池仿真方法及若干现象研究 / 翟双,周苏,孙澎涛著. —上海:同济大学出版社,2018.9

(同济博士论丛 / 伍江总主编)

ISBN 978 - 7 - 5608 - 7028 - 1

Ⅰ. ①质… Ⅱ. ①翟… ②周… ③孙… Ⅲ. ①质子交换膜燃料电池-仿真模型-研究 Ⅳ. ①TM911.4

中国版本图书馆 CIP 数据核字(2017)第 093481 号

质子交换膜燃料电池仿真方法及若干现象研究

翟 双 周 苏 孙澎涛 著

出 品 人 华春荣 责任编辑 胡晗欣 助理编辑 翁 晗
责任校对 徐春莲 封面设计 陈益平

出版发行 同济大学出版社 www.tongjipress.com.cn
(地址:上海市四平路 1239 号 邮编:200092 电话:021 - 65985622)
经 销 全国各地新华书店
排版制作 南京展望文化发展有限公司
印 刷 浙江广育爱多印务有限公司
开 本 787 mm×1092 mm 1/16
印 张 11.75
字 数 235 000
版 次 2018 年 9 月第 1 版 2018 年 9 月第 1 次印刷
书 号 ISBN 978 - 7 - 5608 - 7028 - 1

定 价 60.00 元

袁万城　莫天伟　夏四清　顾　明　顾祥林　钱梦騄

徐　政　徐　鉴　徐立鸿　徐亚伟　凌建明　高乃云

郭忠印　唐子来　阎耀保　黄一如　黄宏伟　黄茂松

戚正武　彭正龙　葛耀君　董德存　蒋昌俊　韩传峰

童小华　曾国荪　楼梦麟　路秉杰　蔡永洁　蔡克峰

薛　雷　霍佳震

秘书组成员：谢永生　赵泽毓　熊磊丽　胡晗欣　卢元姗　蒋卓文

总　序

在同济大学110周年华诞之际,喜闻"同济博士论丛"将正式出版发行,倍感欣慰。记得在100周年校庆时,我曾以《百年同济,大学对社会的承诺》为题作了演讲,如今看到付梓的"同济博士论丛",我想这就是大学对社会承诺的一种体现。这110部学术著作不仅包含了同济大学近10年100多位优秀博士研究生的学术科研成果,也展现了同济大学围绕国家战略开展学科建设、发展自我特色,向建设世界一流大学的目标迈出的坚实步伐。

坐落于东海之滨的同济大学,历经110年历史风云,承古续今、汇聚东西,秉持"与祖国同行、以科教济世"的理念,发扬自强不息、追求卓越的精神,在复兴中华的征程中同舟共济、砥砺前行,谱写了一幅幅辉煌壮美的篇章。创校至今,同济大学培养了数十万工作在祖国各条战线上的人才,包括人们常提到的贝时璋、李国豪、裘法祖、吴孟超等一批著名教授。正是这些专家学者培养了一代又一代的博士研究生,薪火相传,将同济大学的科学研究和学科建设一步步推向高峰。

大学有其社会责任,她的社会责任就是融入国家的创新体系之中,成为国家创新战略的实践者。党的十八大以来,以习近平同志为核心的党中央高度重视科技创新,对实施创新驱动发展战略作出一系列重大决策部署。党的十八届五中全会把创新发展作为五大发展理念之首,强调创新是引领发展的第一动力,要求充分发挥科技创新在全面创新中的引领作用。要把创新驱动发展作为国家的优先战略,以科技创新为核心带动全面创新,以体制机制改革激发创新活力,以高效率的创新体系支撑高水平的创新型国家建设。作为人才培养和科技创新的重要平台,大学是国家创新体系的重要组成部分。同济大学理当围绕国家战略目标的实现,作出更大的贡献。

大学的根本任务是培养人才,同济大学走出了一条特色鲜明的道路。无论是本科教育、研究生教育,还是这些年摸索总结出的导师制、人才培养特区,"卓越人才培养"的做法取得了很好的成绩。聚焦创新驱动转型发展战略,同济大学推进科研管理体系改革和重大科研基地平台建设。以贯穿人才培养全过程的一流创新创业教育助力创新驱动发展战略,实现创新创业教育的全覆盖,培养具有一流创新力、组织力和行动力的卓越人才。"同济博士论丛"的出版不仅是对同济大学人才培养成果的集中展示,更将进一步推动同济大学围绕国家战略开展学科建设、发展自我特色、明确大学定位、培养创新人才。

面对新形势、新任务、新挑战,我们必须增强忧患意识,扎根中国大地,朝着建设世界一流大学的目标,深化改革,勠力前行!

万　钢

2017 年 5 月

论丛前言

承古续今，汇聚东西，百年同济秉持"与祖国同行、以科教济世"的理念，注重人才培养、科学研究、社会服务、文化传承创新和国际合作交流，自强不息，追求卓越。特别是近20年来，同济大学坚持把论文写在祖国的大地上，各学科都培养了一大批博士优秀人才，发表了数以千计的学术研究论文。这些论文不但反映了同济大学培养人才能力和学术研究的水平，而且也促进了学科的发展和国家的建设。多年来，我一直希望能有机会将我们同济大学的优秀博士论文集中整理，分类出版，让更多的读者获得分享。值此同济大学110周年校庆之际，在学校的支持下，"同济博士论丛"得以顺利出版。

"同济博士论丛"的出版组织工作启动于2016年9月，计划在同济大学110周年校庆之际出版110部同济大学的优秀博士论文。我们在数千篇博士论文中，聚焦于2005—2016年十多年间的优秀博士学位论文430余篇，经各院系征询，导师和博士积极响应并同意，遴选出近170篇，涵盖了同济的大部分学科：土木工程、城乡规划学（含建筑、风景园林）、海洋科学、交通运输工程、车辆工程、环境科学与工程、数学、材料工程、测绘科学与工程、机械工程、计算机科学与技术、医学、工程管理、哲学等。作为"同济博士论丛"出版工程的开端，在校庆之际首批集中出版110余部，其余也将陆续出版。

博士学位论文是反映博士研究生培养质量的重要方面。同济大学一直将立德树人作为根本任务，把培养高素质人才摆在首位，认真探索全面提高博士研究生质量的有效途径和机制。因此，"同济博士论丛"的出版集中展示同济大学博士研究生培养与科研成果,体现对同济大学学术文化的传承。

"同济博士论丛"作为重要的科研文献资源,系统、全面、具体地反映了同济大学各学科专业前沿领域的科研成果和发展状况。它的出版是扩大传播同济科研成果和学术影响力的重要途径。博士论文的研究对象中不少是"国家自然科学基金"等科研基金资助的项目,具有明确的创新性和学术性,具有极高的学术价值,对我国的经济、文化、社会发展具有一定的理论和实践指导意义。

"同济博士论丛"的出版,将会调动同济广大科研人员的积极性,促进多学科学术交流、加速人才的发掘和人才的成长,有助于提高同济在国内外的竞争力,为实现同济大学扎根中国大地,建设世界一流大学的目标愿景做好基础性工作。

虽然同济已经发展成为一所特色鲜明、具有国际影响力的综合性、研究型大学,但与世界一流大学之间仍然存在着一定差距。"同济博士论丛"所反映的学术水平需要不断提高,同时在很短的时间内编辑出版110余部著作,必然存在一些不足之处,恳请广大学者,特别是有关专家提出批评,为提高同济人才培养质量和同济的学科建设提供宝贵意见。

最后感谢研究生院、出版社以及各院系的协作与支持。希望"同济博士论丛"能持续出版,并借助新媒体以电子书、知识库等多种方式呈现,以期成为展现同济学术成果、服务社会的一个可持续的出版品牌。为继续扎根中国大地,培育卓越英才,建设世界一流大学服务。

伍 江

2017 年 5 月

前　言

　　燃料电池是一种将化学能直接转化为电能的装置。质子交换膜燃料电池(PEMFC)是燃料电池的一种,具有高效率、零排放、低噪声和低操作温度等优点,因此,它适用于车辆、移动电源和应急电源等。

　　经过若干年的发展,PEMFC 的性能获得了很大的提高。但是,成本高和寿命短仍然是制约 PEMFC 商业化的两个主要因素。从机理上研究 PEMFC 的运行原理和存在的问题是降低成本和提高寿命的前提条件。为此,本书从以下三方面进行了考虑:① 数值仿真可以从电化学反应机理、优化控制和辅助试验等方面促进 PEMFC 发展;② 电堆内单池电压的非一致性是导致 PEMFC 性能下降和寿命缩短的主要影响因素之一,因而,借助于试验和仿真对这一现象从机理上进行研究是非常有理论和实际意义的;③ PEMFC 阳极末端一般采用电磁阀周期性开启与关闭(purge)的操作模式,如何有效地设计 purge 操作直接影响阳极端的液态水和气体杂质(主要是从阴极渗透过来的氮气)排放,进而影响 PEMFC 的性能和氢气利用率。根据上述分析,本书内容分为以下六个部分。

　　第 1 章介绍了 PEMFC 的基本原理,以及在成本和寿命两方面的研究进展;此外,比较了数值仿真研究 PEMFC 的三类主要数学模型:分布参数模型、集总参数模型及混合参数模型(协同仿真模型)。

第 2 章指出了 PEMFC 分布参数模型存在的问题,主要包括间断系数的处理和模型的正确性验证等。Wang C. Y. 等[1]提出的多相流模型(M^2)将气态和液态水采用统一方程描述,极大地减少了计算量。但是,气液扩散系数的间断会导致计算过程不稳定或发散。本书采用商业软件 Fluent 及其用户自定义函数功能,和 Kirchhoff 变换[2]成功地解决了M^2 模型的间断系数问题。PEMFC 分布参数模型涉及的变量较多而且计算复杂,因此,对仿真结果的合理性和正确性进行数值验证尤为重要。本书提出了在工作电流区间段内基于组分质量守恒原理的数值判据因子方法,用于仿真结果的正确性验证。

在一般情况下,分布参数模型能够反映内部反应状态,但是不能有效地反映外部辅助系统(如负载、空气系统和增湿系统等)动态变化;而集总参数模型能够反映外部动态变化对电堆性能影响,但是不能反映电堆内空间状态变化。为了发挥这两类模型的优点并弥补各自的缺陷,本书第 3 章建立了协同仿真模型。书中提出的协同仿真方法,能够有效地呈现 PEMFC 内部变化同外部辅助系统之间的相互影响。另外,该方法也适用于 PEMFC 系统优化和故障诊断等。

第 4 章基于建立的三维、非等温 PEMFC 堆模型,研究了堆内电压非一致性的原因及主要的影响因素。研究表明:在恒电压模式下,燃料电池堆内的温度分布影响单池欧姆过电位和活化过电位的大小,并最终导致堆内单池电压的非一致分布。根据此结论,研究了不同热环境(包括绝热环境、恒温环境和热交换环境)对电堆性能的影响。此外,分析了不同材料的热交换系数对电堆性能的影响。在本章的最后,模拟了电堆内某两片单池接触电阻增大情况下,电堆内相关变量的变化情况。该尝试为下一步基于模型对电堆内的故障类型诊断奠定了基础。

第 5 章首先基于试验台架研究了不同电流下，PEMFC 阳极端采用 purge 操作对氢气利用效率和电堆性能的影响。然后，根据相关的试验数据和反应机理，建立了用于研究 PEMFC 阳极端 purge 操作的一维、两相模型。该模型能够在中等电流下，反映对流传质和扩散传质对电池性能的影响。基于该 purge 模型，还可以快速地分析不同操作参数对电堆性能的影响。

第 6 章对本书的工作进行了总结和展望。

目　录

第 *1* 章

绪 论

1.1 燃料电池技术概述

燃料电池是通过电化学方式将贮存在燃料和氧化剂中的化学能直接转化为电能的装置[3]。不同于传统的通过热机过程实现能量的转换方式,燃料电池的这种直接转换不受卡诺循环的限制,理论上可以获得更高的效率。纯氢燃料电池的反应产物只有水、热和电能,不会对环境造成污染。同时,燃料电池结构组件简单,内部不存在机械传动装置,在运行时噪声低。因此,燃料电池技术被认为是解决化石能源短缺和环境污染的关键技术之一。

按照燃料电池采用的电解质类型,可以将其分为以下六类:碱性燃料电池(Alkaline Fuel Cell, AFC)、磷酸型燃料电池(Phosphoric Acid Fuel Cell, PAFC)、质子交换膜燃料电池(Polymer Electrolyte Membrane Fuel Cell, PEMFC)、熔融碳酸盐燃料电池(Molten Carbonate Fuel Cell, MCFC)和固体氧化物燃料电池(Solid Oxide Fuel Cell, SOFC)。各种类型燃料电池的详细技术状态可参见文献[3,4]。

过去五年间,燃料电池的出货量翻了 20 倍,产品出货量和兆瓦级出货量均逐年增加。2010 年,燃料电池的出货量比上一年增长 40%,创造了 230 000 件的历史新高。便携应用燃料电池占总量的 95%,但其他应用类型也在大幅增长。2010 年,在全球售出的燃料电池中,超过 97% 采用质子交换膜燃料电池技术[5]。

质子交换膜燃料电池除具有燃料电池一般的特点(如能量转化效率高、环境友好等)之外,同时还具有可低温(操作温度一般为 60℃~80℃)快速启动、无电解液流失、比功率和比能量高等优点。因此,它不仅可用于建设分散电站,也特别适合于用作可移动电源,是电动车和不依靠空气推进潜艇的理想候选电源之一,也是利用氯碱厂副产物氢气发电的最佳候选电源[3,6]。此外,它也特别适合于用作备用或应急电源[7]。

1.2 质子交换膜燃料电池结构和基本原理

1.2.1 质子交换膜燃料电池结构与基本反应

质子交换膜燃料电池的反应如图 1-1 所示。电化学反应在质子交换膜的阴阳两极同时进行,阳极侧催化层中的氢气在催化剂的作用下发生电极反应:

$$H_2 \rightarrow 2H^+ + 2e^- \qquad (1-1)$$

该电极反应产生的电子经过外电路到达阴极,氢离子则经过质子交换膜到达阴极。阴极侧催化层中的氧气在催化剂的作用下与到达的氢离子及电子发生反应生成水:

$$\frac{1}{2}O_2 + 2H^+ + 2e^- \rightarrow H_2O \qquad (1-2)$$

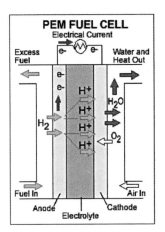

图 1-1 PEMFC 结构及反应原理示意图[8]

总反应为

$$H_2 + \frac{1}{2}O_2 \rightarrow H_2O \qquad\qquad (1-3)$$

1.2.2 热力学基础与电池开路电压

式(1-3)与氢气的燃烧反应式是一样的,也就意味着上述反应是一个放热化学反应:

$$H_2 + \frac{1}{2}O_2 \rightarrow H_2O + \Delta H \qquad\qquad (1-4)$$

式中,ΔH 表示焓变[*],由生成物与反应物的热量差所决定。对反应式(1-4)而言,

$$\Delta H = (h_f)_{H_2O} - (h_f)_{H_2} - \frac{1}{2}(h_f)_{O_2} \qquad\qquad (1-5)$$

在 25℃时,液态水的焓为 $-286\ kJ/mol$,氢气和氧气的热量可以近似为零。因此,

$$\Delta H = (h_f)_{H_2O} - (h_f)_{H_2} - \frac{1}{2}(h_f)_{O_2}$$

$$= -286\ kJ/mol - 0 - 0 = -286\ kJ/mol \qquad (1-6)$$

上述反应的焓变为负值,从本质上说明式(1-4)是一个放热反应。

因为每一个化学反应的发生都伴随有熵[**]的生成,式(1-4)产生的热量不能全部用来做有用功(产生电能)。热力学上,常用吉布斯自由能来表示做有用功的焓。三者的关系为

$$\Delta G = \Delta H - T\Delta S \qquad\qquad (1-7)$$

———————

[*] 在热力学中,焓表示物质系统能量的一个状态函数,记为 H。
[**] 在热力学中,熵表示热学过程不可逆性的一个物理量,记为 S。

在 25℃、0.1 MPa 时，$\Delta G = -273.34$ kJ/mol，$\Delta S = 48.68$ kJ/mol。

另由化学热力学可知[4]

$$\Delta G = -nFE_r \qquad (1-8)$$

式中，n 为反应转移的电子数；F 为法拉第常数，96 485 C/mol；E_r 为电池的理论电动势，V。从而可以计算得到

$$E_r = \frac{-\Delta G}{nF} = \frac{237\,340\ \text{J/mol}}{2 \times 96\,485\ \text{As/mol}} \approx 1.23\ \text{V} \qquad (1-9)$$

如果考虑阴、阳两极压力变化对电池理论电动势的影响，则式(1-9)可以修正为[9]

$$E_r = \frac{-\Delta G}{nF} - \frac{RT}{2F} \ln \frac{p_{H_2O}}{p_{H_2} p_{O_2}} \qquad (1-10)$$

考虑当 $T = 25℃$，$p_{H_2O} = 1$ atm，$p_{H_2} = 1$ atm，$p_{O_2} = 0.21$ atm 时，有

$$E_r \approx 1.23 - \frac{8.314\ \text{J/(mol · K)} \times 298.15\ \text{K}}{2 \times 96\,485\ \text{As/mol}} \approx 1.22\ \text{V} \quad (1-11)$$

因此，在常温常压下，质子交换膜燃料电池的理论电动势（开路电压）为 1.22 V 左右。但是，在实际操作中，质子交换膜燃料电池开路电压一般低于 1.0 V。这是由于在电池的内部一般不可避免地会发生氢气渗透到阴极与氧气发生反应，形成负压；另外，电池内部的局部短路也会造成开路电压的下降，尤其是使用时间较长的电池（堆），这种情况更加严重。

由式(1-10)可知，开路电压随温度的升高而下降。但是，在燃料电池实际工作时，若其他操作条件不变，操作温度的增加可以提高电池的输出电压，这是因为过电位比开路电压随温度下降的速度更快[4,9]（各种过电位的定义见 1.2.4 节）。

1.2.3　电化学基础与电池反应速度

根据法拉第第一定律,燃料和氧化剂在电池内的消耗量 Δm 与电池输出的电量 Q 成正比,即

$$\Delta m = k_e \cdot Q = k_e \cdot I \cdot t \tag{1-12}$$

式中,Δm 为化学反应物质的消耗量;Q 为电量,等于电流强度 I 和时间 t 的乘积;k_e 为电化当量,表示单位电量所需的化学物质质量。

电化学反应速度 v 可以定义为单位时间内物质的转化量[3]:

$$v = \frac{\mathrm{d}(\Delta m)}{\mathrm{d}t} = k_e \frac{\mathrm{d}Q}{\mathrm{d}t} = k_e \cdot I \tag{1-13}$$

电化学反应均是在电极和电解质的界面上进行的,因此,电化学反应的速度和界面的面积有关。单位电极面积上的电化学反应速度可以用电流密度 $i(\mathrm{A/m^2})$ 表示,其定义为:电流强度 I 除以反应界面的面积 S:

$$i = \frac{I}{S} \tag{1-14}$$

根据法拉第定律,电流密度与单位电极面积上电荷的传递量和反应物的消耗速度成正比[4]:

$$i = nFj \tag{1-15}$$

式中,nF 为电荷传递量,C/mol;j 为单位面积上反应物的消耗速度,$\mathrm{mol/(s \cdot m^2)}$。

在平衡反应情况下,电池没有净电流的输出,燃料(或氧化剂)的还原反应速度和氧化反应速度相等,即

$$Ox + ne^- \leftrightarrow Red \tag{1-16}$$

对式(1-16)左端的还原反应,其单位面积上反应物的消耗速度为

$$j_{\mathrm{f}} = k_{\mathrm{f}}\, C_{Ox} \qquad (1-17)$$

式中，k_{f} 为还原反应的速度系数，C_{Ox} 为反应物在电极表面的浓度。类似地，对式(1-16)右端的氧化反应，其单位面积上反应物的消耗速度为

$$j_{\mathrm{b}} = k_{\mathrm{b}}\, C_{Rd} \qquad (1-18)$$

式中，k_{b} 为氧化反应的速度系数，C_{Rd} 为反应物在电极表面的浓度。

从而，电池的净电流密度可以表示为

$$i = nF(k_{\mathrm{f}}\, C_{Ox} - k_{\mathrm{b}}\, C_{Rd}) \qquad (1-19)$$

在平衡反应时，$j_{\mathrm{f}} = j_{\mathrm{b}}$，也即 $k_{\mathrm{f}}\, C_{Ox} = k_{\mathrm{b}}\, C_{Rd}$。因此，净电流为零。

根据过渡态理论，式(1-16)中的速度系数 k_{f} 和 k_{b} 可以表示为吉布斯自由能的函数[4]：

$$k = \frac{k_{BT}}{h}\exp\left(\frac{-\Delta G}{RT}\right) \qquad (1-20)$$

对电化学反应，吉布斯自由能可以分为化学能和电能两部分，在还原反应情况下：

$$\Delta G = \Delta G_{\mathrm{ch}} + \alpha_{Rd} FE \qquad (1-21)$$

在氧化反应情况下：

$$\Delta G = \Delta G_{\mathrm{ch}} - \alpha_{Ox} FE \qquad (1-22)$$

将式(1-21)和式(1-22)分别代入式(1-20)，化简后可得

$$k_{\mathrm{f}} = k_{0,\,\mathrm{f}}\exp\left(\frac{-\alpha_{Rd} FE}{RT}\right) \qquad (1-23)$$

$$k_{\mathrm{b}} = k_{0,\,\mathrm{b}}\exp\left(\frac{-\alpha_{Ox} FE}{RT}\right) \qquad (1-24)$$

将式(1-23)和式(1-24)代入式(1-19)，可得

$$i = nF\left[k_{0,\,f}\,C_{Ox}\exp\left(\frac{-\alpha_{Rd}FE}{RT}\right) - k_{0,\,b}C_{Rd}\exp\left(\frac{-\alpha_{Ox}FE}{RT}\right)\right]$$

$$(1-25)$$

从而,在平衡反应时:

$$i_0 = nFk_{0,\,f}\,C_{Ox}\exp\left(\frac{-\alpha_{Rd}FE_r}{RT}\right)$$

$$= nFk_{0,\,b}C_{Rd}\exp\left(\frac{-\alpha_{Ox}FE_r}{RT}\right) \qquad (1-26)$$

式中,i_0 为交换电流密度,是衡量电极上化学反应难易的标准。对固定的电极而言,交换电流密度越大,产生电子(电流)需要克服的壁垒(活化过电位)越小。在质子交换膜燃料电池中,阳极的交换电流密度比阴极的大几个数量级,也就意味着阴极的活化过电位要远远大于阳极的活化过电位。由式(1-26)可知,交换电流密度是温度和反应物浓度的函数;另外,交换电流密度也可表示为催化剂载量和催化层比表面积的函数,其计算表达式为[4, 10]

$$i_0 = i_0^{\mathrm{ref}}\,a_c\,L_c\left(\frac{p_r}{P_r^{\mathrm{ref}}}\right)^{\gamma}\exp\left[-\frac{E_c}{RT}\left(1 - \frac{T}{T_0}\right)\right] \qquad (1-27)$$

式中,i_0^{ref} 是参考电流密度;a_c 是催化剂的反应面积;L_c 是催化剂载量;P_r 是反应物分压;P_r^{ref} 是参考压力;γ 是压力系数;E_c 为活化能。

将式(1-26)代入式(1-25),整理可得电流密度与电压的关系式:

$$i = i_0\left\{\exp\left[\frac{-\alpha_{Rd}F(E - E_r)}{RT}\right] - \exp\left[\frac{-\alpha_{Ox}F(E - E_r)}{RT}\right]\right\} \quad (1-28)$$

式(1-28)就是著名的电极过程动力学方程(Butler-Volmer 方程),其在电池的阳极和阴极都成立:

$$i_a = i_{0,a} \left\{ \exp\left[\frac{-\alpha_{Rd,a} F(E_a - E_{r,a})}{RT}\right] - \exp\left(\frac{\alpha_{Ox,a} F(E_a - E_{r,a})}{RT}\right) \right\}$$

$$(1-29)$$

$$i_c = i_{0,c} \left\{ \exp\left[\frac{-\alpha_{Rd,c} F(E_c - E_{r,c})}{RT}\right] - \exp\left[\frac{\alpha_{Ox,c} F(E_c - E_{r,c})}{RT}\right] \right\}$$

$$(1-30)$$

根据定义,阳极和阴极的可逆电动势分别为 0 V 和 1.23 V(在 25℃,常压情况下)。因此,阳极的活化过电位为正值($\eta_a = E_a - E_{r,a} > 0$),这也使得式(1-29)中左端第一项远远小于第二项,也即阳极氧化反应速度大于还原反应速度。从而可将式(1-29)简化为

$$i_a = -i_{0,a} \exp\left[\frac{-\alpha_{Ox,a} F(E_a - E_{r,a})}{RT}\right] \qquad (1-31)$$

此时,$i_a < 0$,意味着阳极是电子流出的方向。同理可以得到

$$i_c = i_{0,c} \exp\left[\frac{-\alpha_{Rd,c} F(E_c - E_{r,c})}{RT}\right] \qquad (1-32)$$

从而 $i_c > 0$,也即阴极是电流流入的方向。

1.2.4 各种过电位及其影响因素

由 1.2.2 节可知,燃料电池的理论电动势在 1.23 V 左右,但是,由于气体窜流和内部短路的影响,开路电压一般低于 1.0 V。当电池对外做功,即产生净电流时,实际的输出电压又要有不同程度的减小。引起输出电压降低的过电位主要包括活化过电位、欧姆过电位和浓差过电位。典型的极化曲线和各个过电位起主导作用的区域以及变化曲线如图 1-2(a)和图 1-2(b)所示。

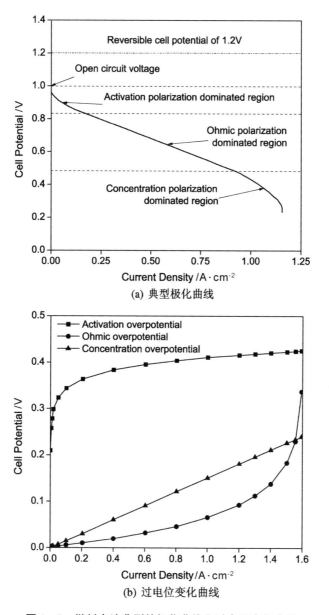

(a) 典型极化曲线

(b) 过电位变化曲线

图 1-2　燃料电池典型的极化曲线和过电位变化曲线

活化过电位是由燃料电池内电化学反应的惰性引起的，其作用是将阳极的电子转移到阴极，也即活化过电位是产生电流的驱动力。由式(1-31)和式(1-32)可知

$$\eta_a = E_a - E_{r,a} = \frac{RT}{\alpha_a F}\ln\left(\frac{i}{i_{0,a}}\right) \tag{1-33}$$

$$\eta_c = E_{r,c} - E_c = \frac{RT}{\alpha_c F}\ln\left(\frac{i}{i_{0,c}}\right) \tag{1-34}$$

式(1-33)和式(1-34)可以化简为

$$\eta = a + b\ln i \tag{1-35}$$

其中

$$a = \frac{RT}{\alpha F}\ln i_0 \tag{1-36}$$

$$b = -\frac{RT}{\alpha F} \tag{1-37}$$

式(1-35)就是常用的 Tafel 公式。

活化过电位随温度的升高而降低。这是因为交换电流密度随温度的升高呈指数级增加的，而活化过电位随交换电流密度的增加而减小。

欧姆过电位主要是由电解质离子导电电阻，电子电阻和电池内组件之间的接触电阻引起的。欧姆过电位的大小可以用欧姆定律表达：

$$V_{ohm} = IR \tag{1-38}$$

式中，R 是电池内部的电阻和，包括质子电阻、电子电阻和接触电阻等，即

$$R = R_i + R_e + R_c \tag{1-39}$$

可见质子或电子传导率对电阻的大小有直接的影响。

电阻的大小和材料的电导率、导电面积和厚度(或长度)有关：

$$R = \frac{L_{\text{cond}}}{\sigma A_{\text{cond}}} \tag{1-40}$$

电子电阻常常可以忽略不计(比质子电阻和接触电阻小 1—2 个数量级),因为电子传输通道(集流板、扩散层、催化层)有很高的导电能力。质子电阻是占有主导地位的电阻,因为质子比电子的传导要困难。质子传导率是膜的含水量和温度的函数[4, 11]:

$$\sigma_m = (0.005\,139\lambda - 0.003\,26)\exp\left[1\,268\left(\frac{1}{303} - \frac{1}{T}\right)\right] \tag{1-41}$$

式中,λ 为膜的含水量,其定义为[11, 12]

$$\lambda = \begin{cases} 0.043 + 17.81a - 39.85a^2 + 36.0a^3 & 0 < a < 1 \\ 14 + 1.4(a-1) & 1 \leqslant a \leqslant 3 \\ 16.8 & a \geqslant 3 \end{cases} \tag{1-42}$$

水活度 a 的定义为

$$a = \frac{C_{\text{H}_2\text{O}}RT}{P_{\text{sat}}} \tag{1-43}$$

饱和压 P_{sat} 的定义为

$$\lg P_{\text{sat}} = -2.179\,4 + 0.029\,53(T - 273.15) -$$
$$9.183\,7 \times 10^{-5}(T - 273.15)^2 +$$
$$1.445\,4 \times 10^{-7}(T - 273.15)^3 \tag{1-44}$$

由式(1-41)—式(1-44)可知,质子传导率的大小主要受温度和水的浓度影响。假设电堆内水蒸气是饱和或过饱和的,即 $a \geqslant 1$,则由式(1-41)可知质子传导率随温度的升高而增加,从而质子交换膜的欧姆电阻降低。但是,当堆内水蒸气浓度没有达到饱和时,温度升高会进一步使得水的活度下降,进而造成欧姆过电位的增大。水蒸气过饱和时,电堆内部生成的液态水会造成催化层水淹(flooding),使得活化过电位和浓差过电位增大。因此,根据堆内质子交换膜的水合状态,适当的升高温度,可以减轻堆内水淹程度,并提高电堆的输出功率。

接触电阻和电池组件材料以及不同层之间接触的紧密程度有关,其接触电阻率可用如下的半经验公式计算[13]:

$$\sigma_c = A \cdot \overline{P}^B \tag{1-45}$$

式中,$\overline{P}$ 为表观接触压力,A 和 B 为根据试验曲线得到的拟合参数($A>0$,$B<0$)。由式(1-45)可知,接触压力的增大可以降低接触电阻。但是需要指出的是,接触压力过大,会导致扩散层的变形以及气体流道的尺寸和流动阻力的变化,进而使得电池工作可靠性降低。因此,通过机理建模和物理实验确定最优的封装压力是一项值得研究的工作。

浓差过电位是由于反应物在电极上被电化学反应快速消耗以致在电池内产生浓度差造成的。反应物浓度的下降会导致其分压的降低,由式(1-10)可知,反应物压力的下降会造成开路电压的减小。不妨把这部分电压降表示为

$$V_{con} = \frac{RT}{2F} \ln \frac{p_1}{p_2} \tag{1-46}$$

由理想气体状态方程:

$$p = CRT \tag{1-47}$$

可得

$$V_{con} = \frac{RT}{nF} \ln \frac{C_1}{C_2} \tag{1-48}$$

根据 Fick 定律,反应物的通量与反应物的浓度差存在正比例关系:

$$N = \frac{D(C_1 - C_2)}{\delta} \cdot A \qquad (1-49)$$

式中，N 为反应物的通量；D 为反应物扩散系数；C_1 和 C_2 分别为反应物通入电池时的浓度和催化界面上的浓度；A 为活化面积；δ 为反应物传输距离。再根据式(1-15)：

$$N = \frac{I}{nF} \qquad (1-50)$$

将式(1-49)代入式(1-50)，可得

$$i = \frac{nF \cdot D \cdot (C_1 - C_2)}{\delta} \qquad (1-51)$$

由上式可知，催化界面上反应物浓度 C_2 随着输出电流(密度)的增大而减小，并且理论上的最大电流密度(极限电流密度)为

$$i_L = \frac{nF \cdot D \cdot C_1}{\delta} \qquad (1-52)$$

将式(1-51)和式(1-52)代入式(1-48)，可得

$$V_{con} = \frac{RT}{nF} \ln \frac{i_L}{i_L - i} \qquad (1-53)$$

由式(1-53)可知，当输出电流密度接近极限电流密度时，电池输出电压会发生陡降。但是实际当中，极限电流密度是无法达到的，原因是：① 电池内部电极表面的不均匀性和反应物空间分布的不均匀性；② 反应物浓度的下降，会造成交换电流密度的下降[参见式(1-26)和式(1-27)]，进而造成活化极化的增大[参见式(1-33)和式(1-34)]和输出电压的减小。在实际的工程应用中，为了维护电池的安全运行，通常将最大输出电流定义为发生陡降时电流的 85%。

Kim 等[14]使用一个经验公式来表示浓差极化：

$$V_{con} = c\exp\frac{i}{d} \qquad\qquad (1-54)$$

式中,c 和 d 是经验参数(文献[6]使用 $c = 3\times10^{-5}$ V,$d = 0.125$ A/cm^2),式(1-54)在工程实际和模型计算中得到了广泛的应用。

由上述基于相关理论的分析可知,浓差过电位主要发生在大电流区域,且其主要的影响因素是反应物在电极界面上的浓度。为了减小浓差过电位和维护电池性能,适当提高操作压力可以增加反应物浓度进而降低浓差极化。

1.3 质子交换膜燃料电池研究现状

质子交换膜燃料电池的发展简史可以参考文献[3, 4, 6],本节研究现状的综述将围绕其应用情况和相关问题的研究进展两方面展开。

1.3.1 质子交换膜燃料电池的应用情况

质子交换膜燃料电池主要使用在三个领域:交通运输、固定应用和便携应用。质子交换膜燃料电池在电动客车和电动公交使用中,功率范围是 20~250 kW。在一些规模比较小的固定发电厂,比如边远地区的通信基站,其功率范围是 1~100 kW。质子交换膜燃料电池在便携电源中的功率范围是 5~50 W[15]。

目前,从事燃料电池汽车研究的企业主要包括:美国的通用汽车公司(General Motors Company)、福特汽车公司(Ford Motor Company)、德国戴姆勒公司(Daimler AG)、大众汽车公司下属的奥迪(Audi AG)、日产汽车公司(Nissan Motor Company)、日本丰田汽车公司(Toyota Motor Company)、韩国起亚(Kia Motors)、现代(Hyundai Motor Company),以及

中国的上海汽车集团等。一些公司近几年研发的燃料电池汽车相关性能
指标如表 1-1 所列。

表 1-1　燃料电池汽车主要参数对比[16]

厂 商	车 名	年 份	储氢量/储氢压力	百公里加速时间/最大时速
丰 田	FCV-R	2011	70 MPa	—/—
奔 驰	F125	2011	7.5 kg	4.9 s/220 km/h
奥 迪	Q5	2011	70 MPa	7 s/250 km/h
现 代	Blue2	2011	—	—/—
戴姆勒	B-class	2009	70 MPa	11 s/150 km/h
起 亚	Borrego	2009	70 MPa	12.8 s/160 km/h
通 用	HydroGen4	2008	4.2 kg/70 MPa	12 s/160 km/h
福 特	Fusion 999	2007	4.2 kg/70 MPa	—/—

　　为了吸引大众对新能源汽车的兴趣、热情并且测试燃料电池汽车的性
能,通用公司在 2007 年启动了"Project Driveway"计划,采用 100 辆
Chevrolet Equinox 燃料电池汽车参加日常运行和各种典礼等,共行驶了
300 多万公里[17]。福特公司的 Fusion 999 系列燃料电池汽车曾在美国盐
湖城的大咸湖(Bonneville Salt Flats)以 334 km/h 的速度行驶。上汽汽车
集团股份有限公司旗下的"上海牌"Plug-in 燃料电池轿车、"上海牌"燃料电
池轿车及荣威 350 电动汽车三款新能源汽车在 2011 年德国举行的十一届
必比登挑战赛上,取得了 6A 的优异成绩,并在燃料电池汽车拉力赛中,逐
鹿群雄,位列总分第三,仅次于丰田和奥迪。

　　为了推进燃料电池汽车(包括轿车和巴士)的发展,来自世界各地的一
些政府组织和民间团体成立了美国加州燃料电池联盟(California Fuel Cell

Partnership)[18]。该组织包含六个政府组织、八大汽车制造商以及其他一些燃料电池的研发机构。他们在加州建立了六个加氢站,通过燃料电池轿车租赁和巴士示范运营来进行宣传,取得了良好的效果。

2009年以来,用于交通运输的燃料电池出货量每年数以千计,过去五年以兆瓦计算的累积量达到数百兆瓦。美国政府的资助使燃料电池在电动叉车市场取得了真正的商业地位,随着这项技术出口到世界其他地区,预计这一势头将持续下去。采用燃料电池的巴士已经上市销售多年,其使用价值已在全球得到证实[5]。

技术方面,通用汽车公司研发的第五代车用燃料电池尺寸减小一半,与传统的四缸内燃机相当,重量减轻了100 kg,铂金用量由80 g降到30 g,计划2015年铂金用量降到10 g(0.32 g/kW)。丰田汽车公司铂金催化剂用量降低到原来的1/3,计划在2015年成本降至5 000美元,从而实现商业化。

1.3.2 质子交换膜燃料电池相关问题研究进展

质子交换膜燃料电池相关问题的研究进展包括:氢气的制取、储存和运输问题,价格问题,寿命问题,和燃料电池的系统管理问题,等等。

氢气的制取、储存和运输

质子交换膜燃料电池是以氢气为动力源的。那么,氢气如何获得呢?氢气的来源有很多种,主要包括:① 煤制氢;② 电解水制氢;③ 核能制氢;④ 风能制氢;⑤ 太阳能制氢;⑥ 生物质制氢;⑦ 副产制氢。

但是,大多数的制氢技术还不是十分的成熟或者成本太高。煤制氢技术需要解决副产物 CO_2 的存储问题;通过电解水可以有效地解决中国的"废电"问题,提高资源的有效利用率,但是电解水制氢的成本较高;核能制氢存在电解效率低、投入资金大、核废料的处理和公众不认可等问题;风能需要首先转化为电能,然后通过电解水制氢。以中国为例,在西北地区虽然风力资源丰富,但是缺乏充足的水资源来电解水制氢。太阳能制氢存在间歇性和季节性、材料污染、综合利用率低、成本高等问题;生物质制氢能量密度低、随季节波动大;相比而言,副产制氢能够有效地利用资源,并减少环境污染。以上海市为例,据估计,利用钢铁厂和化工厂的副产氢气,可以供给 10 000 辆燃料电池汽车的需要,足以满足燃料电池初级发展阶段的需要[5]。

氢气储存方法有高压气体存储和金属氢化物存储等。高压存储的风险有:① 氢气的易泄漏性、易燃性和易爆性;② 压力危险;③ 充装危险。金属储氢存在的问题是:① 低质量的能量密度;② 对氢气的纯度要求高;③ 低解析温度。金属氢化物储氢的研发方向为开发循环稳定性高,吸、放氢速度快的储氢合金,商业化前景明朗。

氢能经济若要长期发展,必须能和传统能源在便于输送与使用上相比有竞争力。氢气的运输途径包括:车辆运输和管道运输。氢气采用短距离的陆路运输可以避免管道基础设施建设周期长和投资较大的缺点。在中国当前乃至今后的数年内,车辆仍然是氢气的主要运输方式。但是在运输距离较远或是氢气被大规模使用时,车辆运输成本较高,可以采用管道降低运输成本。采用管道输送氢气,需要考虑扩大管道口径,压差来提高输能效率;在速度提高的同时,还要降低产生的噪声影响,提高输送安全性;此外,还需采用特殊材料,一般输送天然气的管道不适宜用来输送氢气,因氢气容易使钢脆化,且氢气易于逸发。

由氢气本身物理属性决定的密度和能量密度小(标况下,氢气质量密度为 0.083 8 kg/m³,体积能量密度为 12.7 MJ/m³,而天然气为 0.668 kg/m³,体积能量密度为 36.4 MJ/m³,氢气的摩尔质量为 2 g/mol,天然气为 16 g/mol),从而导致氢气储存与运输的效率低下,这也是氢能经济发展的瓶颈之一。即使今后可以找到更好的高压储氢技术来提高运输氢气的质量密度以及降低运输耗能,但随之而来的是上述安全性问题以及对材料的特殊要求。

价格问题

质子交换膜燃料电池的价格过高是制约其商业化的主要因素之一。图 1-3(a)所示是美国能源部在 2011 年利用阿贡国家实验室(Argonne National Laboratory)的一个数学模型对燃料电池系统成本做的分析(假设电堆功率为 80 kW,每年批量生产 5 000 件)。由图可知,燃料电池的成

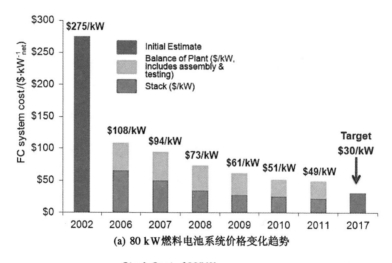

(a) 80 kW燃料电池系统价格变化趋势

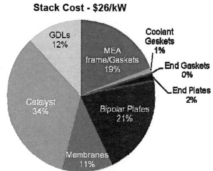

(b) 2011 年燃料电池堆成本构成

图 1-3 燃料电池价格变化趋势和电堆成本构成[19]

本是逐年下降的,但是,如果燃料电池发动机与传统内燃机车相竞争,成本还有待下降。由图 1-3(b)可知,铂金催化剂仍然是燃料电池堆中价格最贵的一环。铂金的价格随市场需求的变化较大。根据市场上铂金的价格波动,其在燃料电池堆成本中所占的比例可能会发生变化。因此,燃料电池生产商很难控制成本价格。如果燃料电池在上述的三个应用领域大规模生产,必须降低铂金用量或寻找非贵金属催化剂来降低燃料电池的成本[19, 20]。

Wu G 等[21] 2011 年在 Science 上发表的论文指出:他们已经找到一种非贵金属催化剂,其性能已经达到铂金的催化性能。可以预见,如果这项成果能够被大规模应用,燃料电池的成本会大大降低。

寿命问题

燃料电池若要满足商业化要求,美国能源部制定的目标是 2015 年以前轻型汽车使用时其寿命要超过 5 000 h,固定发电站使用时其寿命要超过 40 000 h,并且其性能衰减要小于 10%[22, 23]。美国联合技术公司(United Technologies Corporation,UTC)与美国 AC Transit 运输公司合作,在加州奥克兰市成功地进行了燃料电池公交车示范运行,其 120 kW 的燃料电池系统(PureMotion®Model120)在没有更换任何部件的情况下已经运行了 10 000 h。这是一个令人鼓舞的结果,标志着燃料电池汽车朝商业化方向迈出可喜的一步。

Borup R 等[24] 将 PEMFC 的寿命较短的原因归结为六个方面:

反应气中的杂质气体(如 CO、NH_3 和 H_2S 等)会吸附在阳极或阴极的催化剂表面,阻止电极电化学反应的正常进行,从而造成过电位的升高,输出电压的降低。

冷启动也会造成 PEMFC 寿命的下降。PEMFC 内结冰可能会造成质子交换膜高频阻抗(high-freqency resistance)的增加,也会造成催化层、微孔层和扩散层的变形。另外,现有的冷启动策略(为了不使堆内结冰,常采用燃料电池保温法、停机后吹扫堆内残留水使堆内干燥法或使用抗冻剂法、启动时外部热源对电堆加热法或采用使电堆低功率运行的方法等)也会一定程度上造成电池性能的下降。

对车用 PEMFC 而言,动态循环工况会不可避免地造成电池性能的下降。当阴极的电压快速上升时,铂金催化剂会快速地分解直到钝化氧化膜的形成。这种变化会造成电极活化面积的减小,从而使得电池性能下降。

由于 PEMFC 内单池的反应面积较大,一般会采用蛇形流道、交叉流道或其他一些复杂结构的流道促进电化学反应,但是流道结构的复杂性会造成氢气从阳极入口到出口组分浓度、压力不均,甚至造成局部断气。另外,为了满足电堆的功率输出需求,一般采用上百片的单池串联,主流道的设计对各个单池气体分配均匀度有较大的影响。以上两种情况都可能会造成单池局部或整体的氢气供应不足,这会造成阳极炭载体腐蚀,发生反极,最终造成电池寿命的下降[3]。

此外,车载工况下,燃料电池的频繁起停也会造成燃料电池寿命的下降。启动、停车也是车辆最常见的工况之一。研究发现车用燃料电池由于停车后环境空气的侵入,在启动或停车瞬间阳极侧易形成氢空界面,导致阴极高电位的产生,瞬间局部电位可以达到 1.5 V 以上,引起炭载体氧化[24-26]。

最后,入口气体温度过高或相对湿度过低也会使得电堆内质子交换膜受损,从而引起 PEMFC 寿命的下降。Felix N B 针对车用 PEMFC 的具体特点,对其在不同操作模式下的性能衰减进行了总结,内容如表1-2所列。

由以上操作引起的膜、催化剂、扩散层和双极板的详细机理损伤可参见文献[24, 27]。

表 1-2 FCV 主要操作工况和性能衰减类型[26]

操作模式	衰减类别	原因
启动-停车	阴极活化面积减小	催化剂颗粒由于炭载体腐蚀引起凝聚
	催化层水累积	催化层由于炭载体引起形变
	膜上针孔形成	膜水合/脱水引起的机械应力
动态循环工况	阴极活化面积减小	催化剂由电压循环变化引起分解
	膜上针孔形成	膜水合/脱水、压力、热应力循环变化引起的机械应力
怠速工况	膜上针孔形成	膜水合/脱水、压力、热应力循环变化引起的机械应力
	膜质子传导率减小	过氧化氢引起化学分解
	阴极活化性减小	膜碎片引起催化剂中毒
高负载	阴极活化面积减小	催化颗粒由高温引起老化
恶劣的环境条件	阴极活化性减小	空气或氢气杂质气体引起中毒
	膜质子传导率减小	阳离子污染物随质子发生交换
	扩散层渗透率降低	杂质累积堵塞气体传输

系统管理问题

由上节对引起燃料电池性能衰减的原因分析可知,一个科学合理的管理系统应该使燃料电池尽量工作在既能满足功率需求又能使燃料电池良好运行的环境中。

PEMFC 动力系统一般包括电堆、高压氢气瓶、空压机、增湿单元、冷却系统、DC-DC/AC 变换器、电机、控制单元(PCU)及其冷却系统等(图 1-4)。另外,燃料电池车一般采用蓄电池或超级电容器等作为辅助动力源,与 PEMFC 构成电电混合动力,这样既可减小燃料电池输出功率变化速率,避免燃料电池载荷的大幅度波动,又可以回收制动能量以提高系统效

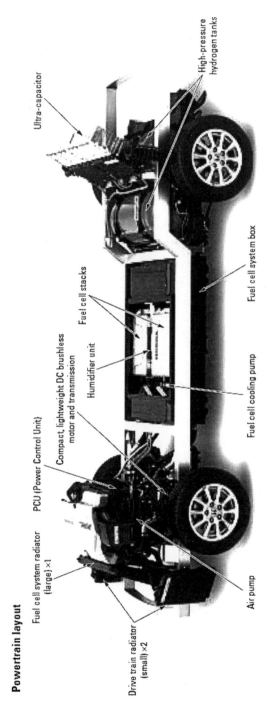

Powertrain layout

Fuel cell system radiator (large) ×1

Drive train radiator (small) ×2

PCU (Power Control Unit)

Compact, lightweight DC brushless motor and transmission

Humidifier unit

Fuel cell stacks

Air pump

Fuel cell cooling pump

Fuel cell system box

Ultra-capacitor

High-pressure hydrogen tanks

图 1-4　Honda 公司 PEMFC 动力系统构成示意图[28]

率。该组合能够使燃料电池在相对稳定工况下工作,避免了加载瞬间由于空气饥饿引起的电压波动,减缓了运行过程中频繁变载引起的电位扫描导致的催化剂的加速衰减[25]。

另外,针对 PEMFC 汽车在启停过程中氢氧接触形成高电位导致炭载体腐蚀的衰退问题,Shen Q 等[29] 提出在停车过程中采用虚拟负载(Dummy load)将氢气消耗殆尽来避免氢氧交界面的形成,从而阻止氢氧接触形成高电位。利用混合动力控制策略,在低载时通过给二次电池充电,提高电池的总功率输出,也可起到降低电位的目的。美国联合技术公司在专利中阐述了怠速限电位的方法:通过调小空气量同时循环尾排空气、降低氧浓度,最终达到抑制电位过高的目的[25, 30]。

但是在电堆的实际运行中,还涉及燃料电池实时的水热管理、能量管理、在线故障诊断等问题。在 PEMFC 关键材料和部件没有取得突破性进展以前,根据电堆的运行机理,针对不同工况采取相应的系统管理与控制策略,可以一定程度上提高电池的寿命。这需要对电堆运行涉及的多物理场耦合问题有深刻的理解,数值仿真作为燃料电池研究的重要手段之一,有助于该问题的解决。

1.4 质子交换膜燃料电池数值仿真研究现状

数值仿真可在燃料电池动力系统的前期规划阶段对系统各部件的匹配性预估;能够基于相关的守恒方程对燃料电池内的物理、化学变化进行合理的解释,并提出有针对性的电堆优化策略。基于数学模型也可以研究燃料电池系统的控制、优化和参数匹配等;此外,还可以利用数学模型针对燃料电池故障进行仿真、机理研究和诊断。

目前,PEMFC 的数学模型可以分为下述三类。第一类是分布参数模型,该类模型根据物理学定律,应用质量守恒方程、动量守恒方程、能量守恒方程、组分守恒方程以及电荷守恒方程,描述电池内压力、速度、温度、组分浓度和液态水、电流密度等分布。但是,该类模型主要针对稳态工况,较少涉及引起电堆性能严重下降的一些特殊工况。另外,该类模型往往没有考虑辅助系统对电堆性能的影响。第二类是集总参数模型,该类模型主要用于描述和分析燃料电池的动态响应。集总参数模型由于仿真时间较短、操控方便,故常被用于燃料电池系统动态建模、仿真和综合分析。然而,集总参数模型不能提供燃料电池内部物理量随空间变化的信息,因此,不适合用于研究燃料电池流场结构设计或优化等问题。第三类是混合参数模型(协同仿真模型)。该类模型对燃料电池(堆)采用分布参数模型建模,而对辅助系统采用集总参数模型建模。集总模型能够为分布参数模型提供更接近真实的动态边界条件,因此,混合参数模型能够描述电堆实际运行时其内部随时间、空间变化的重要物理量[31]。

1.4.1 分布参数模型研究现状

基于分布参数模型,燃料电池的研究者们从以下几个方面对燃料电池的性能进行了深入细致的研究。

1. 不同流场结构对 PEMFC 性能的影响

陈磊涛等[32]研究了改变流道宽度和空气进出口倾斜角度对 PEMFC 性能的影响。Wang C Y 等[33]研究了在三维情况下直流道、交叉流道和蛇形流道对燃料电池性能的影响。Sun W 等[34]研究了二维情况下流道的宽度与长度比变化对阴极催化层内反应的影响。Shimpalee S 等[35, 36]研究了车用和基站运行环境对蛇形流道长宽高比例的不同要求、不同的进气方式对 PEMFC 性能的影响以及在反应面积固定情况下,不同的入气流道口和

流道长度对燃料电池性能的影响。Kuo J. K. 等[37]研究了波形流场结构对
PEMFC 性能的改进作用。Arato E. 等[38]和 Sun L. 等[39]详细讨论了流场
结构对流道内和扩散层内压力的影响。Khajeh-Hosseini-Dalasm N等[40]
研究了阴极催化层结构参数变化对 PEMFC 性能的影响。

2. 不同的操作条件对 PEMFC 性能的影响

Seddiq M. 和 Berning T. 等[41, 42]研究了温度和压力变化对燃料电池性
能的影响。Wang L. 和 Al - Baghdadi M. 等[43, 44]通过实验与模型相结合
的方法研究了不同的入口气体温度,燃料电池堆的操作温度,压力以及这
些参数耦合变化对燃料电池性能的影响。Sun P. T. 等[45]研究了在低温条
件下燃料电池的热传递特性和热应力对电池性能的影响。

3. 对 PEMFC 典型工况的研究

Wang Y. 等[46-48]研究了:① 在瞬态情况下阳极与阴极不同水传递时
间的原因;② 在电压发生阶跃变化时电流密度的动态响应情况,并从机理
上分析了膜内含水量和阴阳两极水传递的关系;③ 讨论了电流密度发生阶
跃变化时电压的动态情况。Meng H. [49]指出燃料电池在负载阶跃变化过
程中表现出来的"overshoot"和"undershoot"与液态水阻塞催化层和扩散
层内的气体传输通道密切相关。Shimpalee S. 等[50-52]主要研究了在瞬态情
况下燃料电池内部的相变和热传递等相关问题。

Mao L. 等[53, 54]应用三维动态多相模型研究了在零下摄氏度时
PEMFC 在启动过程中其内部冰的形成过程,并考虑了操作条件变化对燃
料电池启动过程的影响。他们还基于能量守恒研究了在−20~−10℃情
况下,如何设计合理的操作条件保证燃料电池顺利启动。Ge S H 等[55, 56]
通过试验研究了燃料电池的冷启动特性,并分析了吹扫频率对冷启动的影
响。他们通过实验进一步研究了操作条件对燃料电池冷启动的影响,并验

证了先前模型的正确性。Tajiri K. 等[57]通过非等温多相模型研究了升高操作温度对 PEMFC 冷启动的影响。Jiang F. M. 等[58, 59]通过实验研究了冷启动对 PEMFC 催化层和扩散层的影响。Yang X. G. 等[60]重点研究了在恒电压模式下 PEMFC 冷启动时电池的特性。Sinha P. K. 和 Tajiri K. 等[61, 62]通过建立的数学模型研究了 purge 对燃料电池内液态水吹扫的作用。周苏等[63]建立了一种可以体现单池差异性的一维电堆模型,并详细分析了电堆内重要物理量(温度、水含量和输出电压等)在特殊工况下(如启动、制动和怠速等)的动态特性。

4. 研究空间的扩展

从空间维数上看,已从一维模型、二维模型扩展到现在的三维模型。若仅从三维模型的研究区域分析,已经由最初的典型区域[44]扩展到整个单电池[64],现在越来越多的研究开始转向燃料电池堆的三维建模与仿真。

三维堆模型关注的主要是单池之间的差异性和气体的分配一致性等问题。Shimpalee S 等[65]建立了一个包含 6 片单池的燃料电池堆模型,考虑了操作条件和电堆结构对燃料电池堆性能的影响。Mustata R 等[66]比较了"U"形和"Z"形结构电堆内气流分布的不同。Cheng C. H. 等[67]通过数值模拟研究了电堆内不同结构布局对单池非一致性的影响。Karimi G 等[68]主要考察了燃料电池堆内阴极的水淹现象。Chen C. H. 等[69]主要考察了电堆内主进气管道内的气体分布和压降变化情况。Le A. D. 等[70-71]通过构建的三维燃料电池堆模型对电堆内的气体和温度等分布进行了描述,并考虑了不同单池内存在液态水对电堆性能的影响。Adzakpa K. P. 等[72]建立了燃料电池堆的三维热力学模型,并分析了采用空气冷却电堆时,相对湿度对电堆内温度分布的影响。

1.4.2 集总参数模型研究现状

集总参数模型可以用于分析电池的动态特性[73-75]，也可用于燃料电池的系统控制研究。Zhang J. Z. 等[76]基于建立的空气流道模型研究了质子交换膜燃料电池的阴极流道内流量的自适应控制。Li X. 等[77]建立了面向控制的电堆热力学仿射模型，并应用一种较为新颖的变结构算法来控制电堆温度。Bao C 等[78, 79]系统阐述了面向控制的燃料电池数学模型及控制算法。Panos C 等[80]利用其建立的燃料电池系统模型研究了显式模型预测控制器设计。

此外，也有学者利用集总参数模型研究燃料电池的机理。Zhou P. 等[81-83]利用建立的燃料电池力学模型研究了施加在双极板上的封装压力对扩散层孔隙率、接触电阻和电堆性能的影响。del Real A. J. 等[84]分别采用集总参数模型研究了阳极端 purge 对排水以及电池性能的影响。Kadyk T 等[85, 86]研究了在外部施加非线性频率时，燃料电池在不同状态下（包括阳极 CO 中毒、膜干、水淹）电堆的动态特性。

为了研究辅助系统对电堆性能及内部重要物理量空间分布的影响，周苏等[87-89]对燃料电池（堆）采用分布参数模型建模，而对辅助系统采用集总参数模型建模。因此，这样的分布参数模型具有更为真实的边界条件，可以实时监测电堆内部的变化，为燃料电池的优化控制提供参考。具体的建模方法和结论会在下一章详细阐述。

1.5　本书工作的意义和内容

由以上对燃料电池相关问题及数值仿真的研究现状总结可知，如能借助于仿真和试验对引起燃料电池寿命下降的原因和机理进行分析，是一项非常有理论和实际意义的研究工作。在电堆实际运行中，经常遇到动态加载中电压出现"undershoot",电堆内单池电压分布不一致,以及由水淹造成电压下降等,这些问题都会造成电池性能的衰减,进而导致电池寿命的下降。基于此,本书在以下几个方面展开。

第 2 章详细介绍了分布参数模型相关守恒方程和计算方法等,这是后续工作展开的理论基础。本书采用商业软件 Fluent 及其用户自定义函数功能(User Defined Function,UDF),采用 Kirchhoff 变换[2]成功地解决了 PEMFC 两相模型间断系数问题。燃料电池分布参数模型涉及的变量多而且计算复杂,因此,对仿真结果合理性或正确性的数值验证尤为重要。在第 2 章的最后提出了在工作电流区间段内基于组分质量守恒原理的数值判据因子方法,用于仿真结果的正确性验证。

第 3 章针对分布参数模型和集总参数模型各自的优缺点,本书提出了协同仿真模型。通过设计两类模型有效的数据实时传递,可以使采用集总模型建模的辅助系统和分布参数模型建模的 PEMFC 电堆进行协同,以此可以仿真分析 PEMFC 系统工作时,电堆内重要物理量的动态分布。作为仿真实例,第 3 章基于该协同仿真平台重现了电堆动态加载过程中出现的"undershoot"现象,并从外部辅助系统供气滞后和内部液态水累积等方面对该现象进行了合理解释。

第 4 章利用建立的燃料电池堆三维模型,从机理上分析了内部温度分布对电压非一致性的影响;也分析了不同的温度操作环境、材料选择对电压分布的影响。在第 4 章的最后,模拟了由于封装压力不均等原因造成某两片接触电阻增大情况下电堆电压的分布情况。

第 5 章首先基于试验研究了不同工况下,阳极端采用 purge 操作时氢气利用率和电压的关系。然后建立了针对阳极 purge 操作的一维数学模型。该模型重现了阳极由于水淹造成反应面积减小,进而造成电压下降的过程。此外,对不同电流下,不同的电磁阀关闭与开启频率对电堆性能的影响也根据模型进行了仿真研究。

第 6 章对全书内容进行了总结与展望。

第2章
质子交换膜燃料电池分布参数模型

数值模拟可以对 PEMFC 进行系统仿真、设计、优化,降低对硬件原型的依赖和研发周期。实现上述功能,数值仿真需要高稳定性的、能反映多物理场动态空间分布的数学模型。这些数学模型需要能够描述一些奇妙的、但不是被理解的十分透彻的现象,如流体、电子、质子传递,热力学和电化学等。本章将介绍 PEMFC 分布参数模型涉及的守恒方程、间断系数处理和数值验证等。

2.1 分布参数数学模型

PEMFC 分布参数模型主要以相关的守恒方程为基础,涉及数值计算方法、重要参数的数值特征和数值计算方法等方面的研究内容。

2.1.1 守恒方程

PEMFC 的研究是跨学科的,主要包括材料学、传热传质学、电化学、流体力学、计算数学和系统控制等。其数学模型涉及的守恒定律有质量守恒、动量守恒、组分守恒、能量守恒和电荷守恒等。这些守恒定律通用的微

分方程表达式为

$$\frac{\partial(\rho\Psi)}{\partial t} + \nabla\cdot(\rho\vec{u}\Psi) = \nabla\cdot(\Gamma\nabla\Psi) + S_{\Psi} \tag{2-1}$$

方程从左至右顺序出现的四项分别为瞬态项、对流项、扩散项和源项,式中,ρ 为密度,kg/m³;Ψ 为求解变量;t 为时间,s;$\vec{u}$ 为速度矢量,m/s;Γ 为广义扩散系数;S_{Ψ} 为 Ψ 对应的源项。

当 $\Psi=1$ 时,式 (2-1) 表示质量守恒方程:

$$\frac{\partial\rho}{\partial t} + \nabla\cdot(\rho\vec{u}) = S_m \tag{2-2}$$

当 $\Psi=\vec{u}$ 时,式 (2-1) 表示动量守恒方程:

$$\frac{\partial(\rho\vec{u})}{\partial t} + \nabla\cdot(\rho\vec{u}\vec{u}) = \nabla\cdot(\mu\nabla\vec{u}) + S_{\vec{u}} \tag{2-3}$$

式中,源项 $S_{\vec{u}}$ 为动量在多孔介质中的损失速率。在气体扩散层和催化层应用 Darcy 定律,源项 $S_{\vec{u}}$ 可用下式表示:

$$S_{\vec{u}} = -\frac{\mu}{K}\vec{u} \tag{2-4}$$

式中,μ 为黏度系数,kg/(m·s);K 为渗透系数,m²/s。

当 $\Psi=Y_i$(组分质量分数)时,式 (2-1) 表示组分守恒方程:

$$\frac{\partial(\rho Y_i)}{\partial t} + \nabla\cdot(\rho\vec{u}Y_i) = \nabla\cdot(D_i\nabla Y_i) + S_{Y_i} \tag{2-5}$$

式中,源项 S_{Y_i} 为组分(氧气、氢气或水)在催化层内的消耗或产生速率。源项 S_{Y_i} 和其他守恒方程的源项在不同区域的表达形式见表 2-1。

当 $\Psi=T$(温度)时,式 (2-1) 表示能量守恒方程:

$$\frac{\partial(\rho T)}{\partial t} + \nabla\cdot(\rho\vec{u}T) = \nabla\cdot\left(\frac{k}{c_p}\nabla T\right) + S_T \tag{2-6}$$

式中，k 为热传导系数，W/(m・K)；c_p 为比定压热容，J/(kg・K)。S_T 是能量守恒方程的源项，代表电化学反应引起的产热速率。Ju H. 和 Basu S. 等[90-91]在单相模型中，研究了 PEMFC 不同热源类型的情况并将单相模型扩展，建立了包含相变热的两相非等温模型。

表 2-1　各守恒方程源项在不同区域的表达式

源项	催化层	扩散层	膜	双极板	流道
S_m	$S_{Y_i} + S_{Y_{H_2O}}$	0	0	0	0
$S_{\vec{u}}$	$-\dfrac{\mu}{K_{GDL}}\vec{u}$	$-\dfrac{\mu}{K_{CL}}\vec{u}$	0	0	0
S_{Y_i}*	$-\dfrac{M_i s_i j}{nF}$**	0	0	0	0
$S_{Y_{H_2O}}$	$-M_{H_2O}\left[\dfrac{s_i j}{nF} - \nabla \cdot \left(\dfrac{n_d}{F}\vec{i}_e\right)\right]$	0	$-\nabla \cdot \left(\dfrac{n_d}{F}\vec{i}_e\right)$	0	0
S_T	$j\left(\eta + T\dfrac{dU_0}{dT}\right) + \dfrac{\vec{i}_e^2}{k_e^{eff}} + \dfrac{\vec{i}_s^2}{\sigma_s^{eff}}$	$\dfrac{\vec{i}_s^2}{\sigma_s^{eff}}$	$\dfrac{\vec{i}_e^2}{\kappa_e^{eff}}$	$\dfrac{\vec{i}_s^2}{\sigma_s^{eff}}$	0
$S_{\phi_{H^+}}$	$-j$	0	—	0	0
$S_{\phi_{e^-}}$	j	—	0	—	—

　＊：此处 Y_i 仅代表反应物氢气和氧气的质量分数，水蒸气的质量分数在下一行给出。

　＊＊：对电化学反应 $\sum s_k M_k = ne^-$，式中：M_k 是组分 i 的化学表达式，S_k 是化学计量系数，n 是生成的电子数，对 PEMFC，阳极：$H_2 - 2H^+ = 2e^-$；阴极：$2H_2O - O_2 - 4H^+ = 4e^-$。

当 $\Psi = \phi_{H^+}$ 或 ϕ_{e^-}（质子或电子电势）时，式(2-1)表示质子/电子守恒方程。与流体动态过程相比，电化学反应时间很短，可以不考虑瞬态项，故质子/电子守恒方程简化为

$$\nabla \cdot (\sigma^{eff}\nabla \phi_{H^+}) + S_{\phi_{H^+}} = 0 \qquad (2-7)$$

$$\nabla \cdot (k^{eff} \nabla \phi_{e^-}) + S_{\phi_{e^-}} = 0 \qquad (2-8)$$

式中，σ 和 k 分别为质子传导率和电子传导率，S/m。$S_{\phi_{H^+}}$ 为源项。

$$S_{\phi_{H^+}} = \begin{cases} j_a & \text{阳极催化层} \\ j_c & \text{阴极催化层} \end{cases} \qquad (2-9)$$

$$S_{\phi_{H^+}} = \begin{cases} -j_a & \text{阳极催化层} \\ -j_c & \text{阴极催化层} \end{cases} \qquad (2-10)$$

式中，

$$j_a = ai_{0,a} \left(\frac{C_{H_2}}{C_{H_2,ref}} \right)^{\frac{1}{2}} \left(\frac{\alpha_a + \alpha_c}{RT} F \eta \right) \qquad (2-11)$$

$$j_c = -ai_{0,c} \exp\left[-16\,456 \left(\frac{1}{T} - \frac{1}{353.15} \right) \right] \frac{C_{H_2}}{C_{H_2,ref}} \exp\left(-\frac{\alpha_c F}{RT} \eta \right) \qquad (2-12)$$

　　早期模型中的电荷守恒方程仅考虑了质子的传递，忽略了集电肋条和扩散层电阻造成的欧姆电压降以及由此产生的热量。在模型求解时，只能以电压作为边界条件。Meng H 等[92]将电子守恒方程(2-8)引入之后，电流也可以作为边界条件，使得电堆数值仿真更接近于其真实运行环境。分别以电流和电压作为边界条件的差异性研究表明，仅用伏安曲线不足以验证模型[93]。

　　水的动态空间分布求解同样涉及上述 5 类守恒方程。水的相态可以是气态或气液混合态，对应的模型被称为单相模型或两相模型。单相模型被广泛应用于早期的数值仿真。在反应气体相对湿度较低和电池内没有液态水的情况下，单相模型足够准确。但是，为了保证较高的质子传导率，入口反应气体一般都是增湿的；当 PEMFC 在室温或冰点温度下启动时，气体的饱和温度一般低于 PEMFC 工作温度，故在启动过程中易生成液态水；

PEMFC 在较高的电流下工作时,反应生成的水更多[93]。为了克服单相模型局限性,近年来的一个研究热点就是水的气液混合态两相模型,具有代表性的工作可以分为以下 3 类。

王朝阳等建立的 M^2 模型(多相混合物模型)为[93]

$$\frac{\partial(\varepsilon C_{H_2O})}{\partial t} + \nabla \cdot (\gamma_c \vec{u} C_{H_2O}) = \nabla \cdot (\Gamma(H_2O) \nabla C_{H_2O}) + S_{H_2O}$$

$$(2-13)$$

式中,ε 为孔隙率;C_{H_2O} 为水的摩尔浓度,mol/m^3;γ_c 为对流修正系数;$\Gamma(H_2O)$ 为水的扩散系数,m^2/s;S_{H_2O} 为水的源项,$mol/(m^3 \cdot s)$。需要指出的是,式(2-13)中的速度为气液混合物的速度,其中气体速度、液体速度和混合物速度的关系在文献[94]中有详细地推导。M^2 模型将水的气液两相用同一方程描述,减少了计算量。但是,在气液混合区域,扩散系数 $\Gamma(H_2O)$ 间断,会导致计算不稳定或发散,在本章的后续部分会介绍相应的处理方法。

VOF (Volume of Fluid)模型。VOF 模型通过求解单独的动量方程和处理穿过区域的每一流体的体积分数来模拟两种或三种不能混合的流体,涉及液态水体积分数的动力学方程是[95]

$$\frac{\partial(\varepsilon s_l \rho l)}{\partial t} + \nabla \cdot (\rho_l s_l \vec{u}_l) = S_s \qquad (2-14)$$

式中,s_l 为液态水的体积分数;ρ_l 为液态水的密度,kg/m^3;$\vec{u}_l$ 为液态水的速度,m/s;S_s 为液态水的源项,$kg/(m^3 \cdot s)$。

饱和度模型。该类模型是将水蒸气的饱和度 s 作为求解变量[87, 96]:

$$\frac{\partial(\varepsilon \rho l s)}{\partial t} + \nabla \cdot \left(\rho_l \frac{K s^3}{\mu_l} \frac{dp_c}{ds} \nabla s \right) = r_w \qquad (2-15)$$

式中,K 为渗透系数,m^2;μ_l 为黏度系数,$Pa \cdot s$;p_c 为多孔介质中毛细管

力,N;r_w 为饱和度 s 的源项,kg/(m³ · s),定义为

$$r_w = C_r \max\left\{\left[(1-s)\frac{P_{wv}-P_{sat}}{RT}W_{H_2O}\right], \left[-s\rho_l\right]\right\} \quad (2-16)$$

通过饱和度 s 及其对多孔介质孔隙率的影响可以反映电堆内部水淹程度。

但是,到目前为止,上述三类两相流模型还没有实现在全电池区域范围的仿真,大部分假定流道内不存在液态水。因此,对燃料电池的两相流和液态水在电堆内的传递过程仍有待进一步的研究。

2.1.2 重要参数的数值特征

PEMFC 数学模型中的守恒方程涉及如下重要参数:质子交换膜的性能参数、表征催化层/扩散层传输能力的参数和双极板的物理属性等。

质子交换膜

质子交换膜必须有相对较高的质子传导率、较低的气体(氢气、氮气和氧气)渗透率,一定的机械强度,并在进行化学反应时具有一定的物理化学稳定性。质子传导率是描述质子交换膜性能的一个重要参数,其与膜内含水量、水活度和温度的函数关系如式(1-41)—式(1-43)所示。与膜内含水量相关的物理量是水由阴极向阳极反扩散系数 $D(\lambda)$,以及在质子传递时的电拽力系数 N_d,它们的表达式分别是[4]

$$D(\lambda) = \begin{cases} 3.1 \times 10^{-3}\lambda(e^{0.28\lambda}-1)\exp\left(-\frac{2\,436}{T}\right) & 0 < \lambda < 3 \\ 4.17 \times 10^{-4}\lambda(161e^{-\lambda}+1)\exp\left(-\frac{2\,436}{T}\right) & \text{其他} \end{cases}$$

$$(2-17)$$

$$N_d = \frac{2.5\lambda}{22} \qquad (2-18)$$

气体在质子交换膜中的渗透率与膜的含水量有关。在膜内水饱和时,氢气、氧气和氮气的渗透率可以表达为[97]

$$k_{H_2} = (0.29 + 2.2f) \times 10^{-11} \exp\left[\frac{E_{H_2}}{R}\left(\frac{1}{T_{ref}} - \frac{1}{T}\right)\right] \qquad (2-19)$$

$$k_{O_2} = (0.11 + 1.9f) \times 10^{-11} \exp\left[\frac{E_{O_2}}{R}\left(\frac{1}{T_{ref}} - \frac{1}{T}\right)\right] \qquad (2-20)$$

$$K_{N_2} = (0.0295 + 1.21f - 1.93f^2) \times 10^{-11} \exp\left[\frac{E_{N_2}}{R}\left(\frac{1}{T_{ref}} - \frac{1}{T}\right)\right]$$
$$(2-21)$$

式中,$E_{H_2} = 21\,kJ/mol$,$E_{O_2} = 22\,kJ/mol$,$E_{N_2} = 24\,kJ/mol$,$T_{ref} = 303\,K$,f 是水在膜中的体积分数。

催化层

催化层是 PEMFC 电化学反应发生的场所,由式(1-1)—式(1-3)可知,催化层还是反应气体、质子和电子的传输通道。因此,催化层是一种使得电化学反应在三相交界面上顺利进行的多孔介质。表述催化层电化学反应速率的特征量是交换电流密度[计算公式见式(1-27)]。一般而言,假设有相同的铂金利用率和合理厚度的催化层,在同样的电流密度下,增大铂金担载量可以获得较高的电压。但是,如果从铂金单位面积上的电流密度[A/(cm² · mgPt)]考虑,则增大铂金担载量对电压基本没有影响。因此,提高 PEMFC 的性能不是仅依靠提高铂金担载量,还要扩大铂金催化剂的反应面积(利用率)。

扩散层

扩散层是反应气体和电子的通道,可将在催化层电化学反应产生的热量和液态水及时排出,同时在结构上支撑催化层和质子交换膜[98]。因此,借助于仿真模型,可以优化设计扩散层结构,以满足上述通道、排水和散热的要求。另外,基于数学模型研究施加在双极板上的封装压力对扩散层孔隙率和结构的影响也是 PEMFC 模型研究的热点之一。

双极板与扩散层的接触电阻率和封装压力之间的半经验公式为[13]

$$\omega = A \cdot \overline{P}^B \qquad (2-22)$$

式中,ω 为界面接触电阻率;$\overline{P}$ 为界面表观压力;A 和 B 是根据实验曲线得到的拟合参数。

封装压力导致的扩散层孔隙率变化为

$$\varepsilon = \frac{\varepsilon_0 - 1 + e^{\varepsilon_v}}{e^{\varepsilon_v}} \qquad (2-23)$$

式中,e^{ε_v} 为材料在封装压力作用下的体积应变;ε_0 为初始孔隙率;e^{ε_v} 为体积材料形变。

2.1.3　数值计算方法

系数非线性、各变量强耦合和求解计算量大是 PEMFC 分布参数模型的特点。因此,有必要研究、开发高效的数值计算方法。迄今为止的数值计算方法主要是有限差分法、有限元法和有限体积法。早期的一维模型主要采用有限差分法进行求解[99],有限元法也被广泛地应用于分布参数模型的求解[2],有限体积法则是目前最常用的方法[87]。此外,一些计算流体力学软件(如基于有限体积法的 Fluent、STAR - CD、CFD - ACE+,基于有限元方法的 COMSOL multiphysics,基于有限差分法的 NADigest FDEM)

开发了专门用于 PEMFC 仿真的模块或接口程序。

以 Fluent 为例[96]，其求解上述耦合的偏微分方程的流程如图 2－1 所示。首先，根据用户自定义的边界和初始条件进入循环迭代，并调整或修正相关变量；然后采用相关的迭代方法（如 SIMPLE、SIMPLEC、PISO 等）求解压力速度耦合的质量和动量守恒方程，再依次求解能量守恒和组分守恒方程，然后更新相关的材料参数，最后检查各个方程的收敛情况，若收敛就停止迭代，否则继续循环迭代。

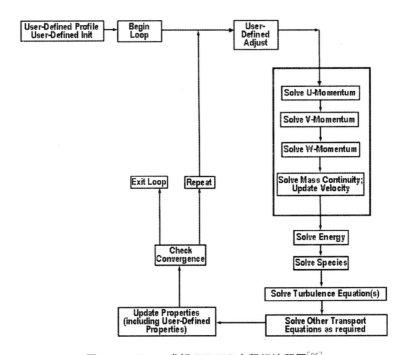

图 2－1　Fluent 求解 PEMFC 方程组流程图[96]

经过数十年的发展，PEMFC 分布参数模型日趋完善，但是，尚有一些涉及计算数学方面的工作有待进一步的研究。例如，拓展两相流模型的求解区域，增大模型的应用范围；对模型涉及的间断系数问题寻求有效的求解方法；采用并行或其他一些高效计算方法解决大功率电堆模型的仿真计算问题。

2.2 间断系数处理

2.2.1 问题由来

PEMFC 的工作温度一般低于 100℃,故在电堆内反应生成的水一般以气液两种形式存在。若仅考虑稳态情况下气液两相水在 PEMFC 内的传输过程,则质量守恒方程(2-2),动量守恒方程(2-3)和描述液态水传输的方程(2-13)可以简化为

$$\nabla \cdot (\rho \vec{u}) = 0 \qquad (2-24)$$

$$\nabla \cdot (\rho \vec{u} \, \vec{u}) = \nabla \cdot (\mu \nabla \vec{u}) + S_{\vec{u}} \qquad (2-25)$$

$$\nabla \cdot (\gamma_c \vec{u} C_{H_2O}) = \nabla \cdot (\Gamma(C_{H_2O}) \nabla C_{H_2O}) \qquad (2-26)$$

式中,γ_c 是修正系数,表达式见表 2-2;扩散系数 $\Gamma(C_{H_2O})$ 定义为

$$\Gamma(C_{H_2O}) = \begin{cases} \Gamma_{capdiff}, & C \geqslant C_{sat} \\ \varepsilon^{1.5} D_{gas}, & C < C_{sat} \end{cases} \qquad (2-27)$$

式中,

$$\Gamma_{capdiff} = \left| \left(\frac{m f_l}{M} - \frac{C_{sat}}{\rho_g} \right) \left(\frac{M}{\rho_l - C_{sat} M} \right) \frac{\lambda_l \lambda_g}{v} \sigma \cos \theta_c (\varepsilon K)^{0.5} \frac{\mathrm{d} J(s)}{\mathrm{d} s} \right|$$

$$(2-28)$$

s 为水的饱和度,计算公式为

$$s = \frac{C - C_{sat}}{\rho_l / M - C_{sat}} \qquad (2-29)$$

$J(s)$ 为 Leverett 函数:

$$J(s) = \begin{cases} 1.417(1-s) - 2.120(1-s)^2 + 1.263(1-s)^3 & \theta_c < 90° \\ 1.417s - 2.120s^2 + 1.263s^3 & \theta_c > 90° \end{cases}$$

$$(2-30)$$

根据表 2-2 和表 2-3 所列的相关参数,可知在 $C = C_{sat}$ 时,$\Gamma(C_{H_2O}) = 0$。因此,当水蒸气达到饱和时,扩散系数是间断的。由水的扩散系数图(图 2-2),更可以清楚地了解其间断与退化特性。

表 2-2　参数计算公式

密　度	$\rho = \rho_l s + \rho_g (1-s)$
相对迁移率	$\lambda_l(s) = \dfrac{k_{rl}/v_l}{k_{rl}/v_l + k_{rg}/v_g}$; $\lambda_g(s) = 1 - \lambda_l(s)$
相对渗透率	$k_{rl} = s^3$; $k_{rg} = (1-s)^3$
动力黏度系数	$v = (k_{rl}/v_l + k_{rg}/v_g)^{-1}$
有效孔隙率	$\mu = \dfrac{\rho_l \cdot s + \rho_g \cdot (1-s)}{k_{rl}/v_l + k_{rg}/v_g}$
对流修正系数	$\gamma_c = \dfrac{\rho(\lambda_l m f_l + \lambda_g m f_g)}{\rho_l m f_l s + \rho_g m f_g (1-s)}$

表 2-3　物　性　参　数

参数名称	符号	值	单位
水蒸气扩散系数	D_{gas}	2.6×10^{-5}	m^2/s
水的摩尔质量	M	0.018	kg/mol
水蒸气密度	ρ_g	0.882	kg/m^3
液态水密度	ρ_l	971.8	kg/m^3
表面张力	σ	0.062 5	kg/s^2
两相接触角	θ_c	$\dfrac{2}{3}\pi$	

续　表

参　数　名　称	符号	值	单　位
扩散层孔隙率	ε	0.3	
液态水动力黏度	v_l	3.533×10^{-7}	m^2/s
水蒸气动力黏度	v_g	3.59×10^{-5}	m^2/s
法拉第常数	F	96 487	$A \cdot s/mol$
左端点设定电流密度	I_1	2 000	A/m^2
右端点设定电流密度	I_2	1 000	A/m^2

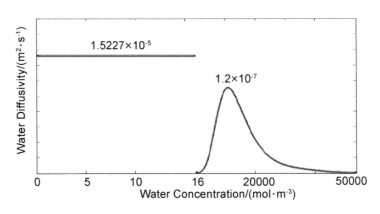

图 2-2　水的扩散系数[2]

求解区域

考虑方程式(2-24)—式(2-26)在包含阴极扩散层和流道的求解区域,如图 2-3 所示,其中水平方向 x 轴表示流道方向,垂直方向 y 轴表示横穿电池方向,扩散层和流道长度都为:$l_{PEMFC} = 7 \times 10^{-2}$ m,宽度分别为 $W_{GDL} = 3 \times 10^{-4}$ m 和 $W_{CH} = 10^{-3}$ m。流道的长宽比例达到了 100∶1,这说明燃料电池是微薄层结构。为了便于观察各层的结构,对图中的长宽比例结构进行了放缩变换。

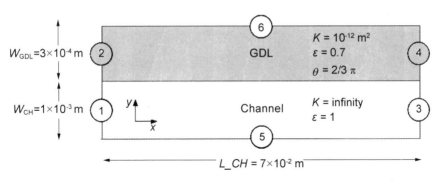

图 2 - 3　求解区域

边界条件和相关参数

在图 2 - 3 所示流道入口处 $(\partial\Omega)_1$，直接指定速度值和水的摩尔浓度值。在流道出口处 $(\partial\Omega)_3$，假设速度场和浓度场是充分发展的。则流场对应的边界条件为

- $u_1 = u_1 \mid_{\text{inlet}} (m/s)$，$u_2 = 0$，入口处 $(\partial\Omega)_1$；

- $P - \mu\nabla\vec{u}\cdot\vec{n} = 0$，出口处 $(\partial\Omega)_3$；

- $\vec{u} = 0$，边界 $(\partial\Omega)_2$，$(\partial\Omega)_4$，$(\partial\Omega)_5$，$(\partial\Omega)_6$。

在稳态流动情况下，速度在流道中是呈抛物线分布的。据此，我们假定入口速度计算公式为

$$u_1 \mid_{\text{inlet}} = \begin{cases} u_{\text{in}}\sin(y\pi/W_{\text{CH}}), & x = 0,\ 0 \leqslant y \leqslant W_{\text{CH}} \\ 0, & \text{其他边界区域} \end{cases} \quad (2-31)$$

对水的浓度方程 $(2-26)$，其边界条件为

- $C = C_{\text{in}}$，入口处 $(\partial\Omega)_1$；

- $\dfrac{\partial C}{\partial n} = 0$，边界 $(\partial\Omega)_2$，$(\partial\Omega)_3$，$(\partial\Omega)_4$，$(\partial\Omega)_5$；

- $\Gamma(C)\,\nabla C\cdot\vec{n} - \gamma_c\,\vec{u}C\cdot\vec{n} = \dfrac{I(x)}{2F}$，式中，$I(x) = \left[\, I_1 - (I_1 - I_2)\right.$

$$\left. \frac{x}{l_{\text{PEMFC}}} \left(\frac{A}{m^2} \right) \right] \text{边界} (\partial \Omega)_6 \, .$$

其他相关的计算公式和物性参数如表 2 - 2 和表 2 - 3 所列及图 2 - 3 所示。

数值求解的不稳定性

基于图 2 - 3 中所示的求解区域,表 2 - 2 和表 2 - 3 所列的相关计算公式和物性参数,以及对应的边界条件,可以进行方程(2 - 24)—方程(2 - 26)的求解。为了说明水的扩散系数间断对方程求解影响,本书分三种情况进行对比分析: ① 直接采用扩散系数定义式(2 - 27)参与计算,从方程对应的残差图 2 - 4 可知,在迭代到第 25 步时,方程求解发散;② 对扩散系数添加无穷小量,即 $\Gamma(C_{H_2O}) \approx \Gamma(C_{H_2O}) + 10^{-10}$,这时,方程求解不再发散,但是出现迭代误差振荡(图 2 - 5);③ 为进一步说明情况,令 $\Gamma(C_{H_2O}) \approx \Gamma(C_{H_2O}) + 10^{-8}$,由图 2 - 6 可知,方程的迭代残差和振荡程度进一步减小。

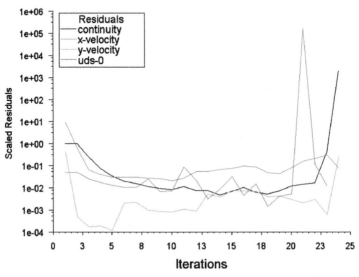

图 2 - 4 方程迭代残差图像 $\left[\Gamma(C_{H_2O}) \approx \Gamma(C_{H_2O}) + 0 \right]$

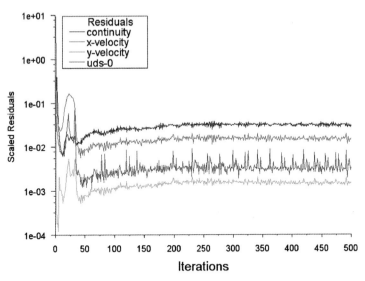

图 2 - 5　方程迭代残差图像 $\left[\Gamma(C_{H_2O}) \approx \Gamma(C_{H_2O}) + 10^{-10}\right]$

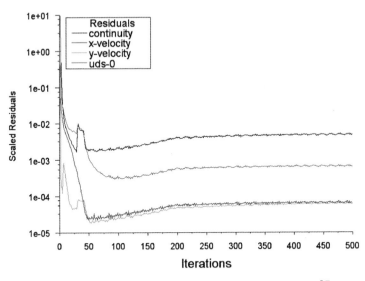

图 2 - 6　方程迭代残差图像 $\left[\Gamma(C_{H_2O}) \approx \Gamma(C_{H_2O}) + 10^{-8}\right]$

　　由上述分析可知,扩散系数的强间断导致方程求解发散,当对其添加无穷小量时,可以保证方程不至于发散,但是方程的残差仍然振荡。虽然增大无穷小量可以减小残差,但是,此时扩散系数与实际值有较大的差别

（当水蒸气的浓度达到饱和后，其在多孔介质中的扩散系数量级小于 10^{-7}，现在为了保证数值收敛，添加的无穷小量量级分别为 10^{-10} 和 10^{-8}），使得方程的精度减小。为此，在本节的后续部分，我们将 Kirchhoff 变换技巧在 Fluent/UDF 环境中实现，用以解决间断系数导致的数值发散问题。

2.2.2 Kirchhoff 变换

首先，根据扩散系数 $\Gamma(C_{H_2O})$ 定义式（2-27），利用 Kirchhoff 变换定义新的变量 W 如下[2]：

$$W(C) = \int_0^C \Gamma(\omega)\mathrm{d}\omega \tag{2-32}$$

因此，W 是摩尔浓度 C 的函数。根据假设，在流道中水的扩散系数为常数。因此，有

$$W = \int_0^C D_g^{\mathrm{eff}}(\omega)\mathrm{d}\omega = D_g^{\mathrm{eff}} C \tag{2-33}$$

即

$$C = (D_g^{\mathrm{eff}})^{-1} W \tag{2-34}$$

将上式代入式（2-26），可得

$$\nabla \cdot ((D_g^{\mathrm{eff}})^{-1} \vec{u} W) = \Delta W \quad 流道 \tag{2-35}$$

在扩散层区域，若只有气态水，则 W 与 C 的关系式可由式（2-33）所示。当存在液态水时，则有

$$\begin{aligned}
W &= \int_0^C D_g^{\mathrm{eff}}(\omega)\mathrm{d}\omega \\
&= \int_0^{C_{\mathrm{sat}}} D_g^{\mathrm{eff}}(\omega)\mathrm{d}\omega + \int_{C_{\mathrm{sat}}}^C \Gamma(C)(\omega)\mathrm{d}\omega \\
&= D_g^{\mathrm{eff}} C_{\mathrm{sat}} + \int_{C_{\mathrm{sat}}}^C \Gamma(\omega)\mathrm{d}\omega
\end{aligned} \tag{2-36}$$

对上式两端关于 C 求导数,可得

$$\nabla W = \Gamma(C) \nabla C \qquad (2-37)$$

将式(2-37)代入式(2-26),可得

$$\nabla \cdot (\gamma_c \vec{u} C) = \Delta W \qquad 催化层 \qquad (2-38)$$

按照上述方法,同理可由 C_{H_2O} 的边界条件推得变量 W 对应的边界条件为

- $W = 0$,入口处$(\partial\Omega)_1$;

- $\dfrac{\partial W}{\partial n} - \gamma_c \vec{u} C \cdot \vec{n} = \dfrac{I(x)}{2F}$,边界$(\partial\Omega)_6$;

- $\dfrac{\partial W}{\partial n} = 0$,边界$(\partial\Omega)_2$,$(\partial\Omega)_3$,$(\partial\Omega)_4$,$(\partial\Omega)_5$。

经过 Kirchhoff 变换和相关的公式推导,原来关于 C 的含有非线性和间断系数的方程(2-26)变成了线性或弱非线性的方程(2-35)和方程(2-38)。因此,通过求解一个弱线性的变量 W 可以间接得到 C。但需要指出的是,等式(2-38)左端项是关于变量 C 的函数,在计算时,需要作为 W 的源项处理,即

$$0 = \Delta W - \nabla \cdot (\gamma_c \vec{u} C) \qquad 催化层 \qquad (2-39)$$

在计算微分方程时,应避免求解含有梯度的源项以减小计算误差。因此,本书对上式中的源项采用如下变换:

$$\int_V \nabla \cdot (\gamma_c \vec{u} C)\mathrm{d}v = \int_S \frac{\partial (\gamma_c \vec{u} C)}{\partial n}\mathrm{d}S$$

$$\nabla \cdot (\gamma_c \vec{u} C)\Delta V \approx \sum_{i=1}^4 (\gamma_c \vec{u} C)_i \cdot \vec{A}_i$$

$$\nabla \cdot (\gamma_c \vec{u} C) \approx \left(\sum_{i=1}^4 (\gamma_c \vec{u} C) \cdot \vec{A}_i\right)/\Delta V \qquad (2-40)$$

这时,源项当中仍含有期望得到的未知量 C,在本节的后续部分,将采

用两种由 W 求 C 的方法：查表法(Look-Up Table (LUT) method)和牛顿法(Newton method)。

查表法

查表法需要首先构造 W 和 C 的数据表格。首先,根据公式(2-36)可以求得 W 与 C 的一一对应关系。然后,根据计算迭代过程中得到的 W 值,搜索到满足 $W_k < W \leqslant W_{k+1}$ 的 k 值,由插值公式：

$$C = C_k + \frac{C_{k+1} - C_k}{W_{k+1} - W_k} \cdot (W - C_k) \qquad (2-41)$$

就可得到相应的 C。

查表法简单易用,但是在计算之前需要首先构造两个标量之间的数据表格。为了提高精度,表格的数据量必须尽可能的大,这使得程序计算效率下降。

牛顿法

对于方程

$$f(x) = 0 \qquad (2-42)$$

设已知它的近似根为 x_k,则函数 $f(x) = 0$ 在点 x_k 附近可用一阶泰勒多项式

$$p(x) = f(x_k) + f'(x_k)(x - x_k) \qquad (2-43)$$

来近似。因此,方程 $f(x) = 0$ 可近似地表示为 $p(x) = 0$。后者是一个线性方程,它的求根比较容易,我们取 $p(x) = 0$ 的根作为 $f(x) = 0$ 的新近似根,记作 $x_{k+1} = 0$,则有

$$x_{k+1} = x_k - \frac{f(x_k)}{f'(x_k)} \qquad (2-44)$$

上式就是著名的牛顿公式[100]。以下根据本节的实际问题构造采用牛顿法需要的计算公式。

当 $C > C_{\text{sat}}$，或 $W > W_{\text{sat}}$ 时，

$$W(C) = W_{\text{sat}} + W_{\text{d}}(C) \tag{2-45}$$

式中，

$$W_{\text{d}}(C) = \int_{C_{\text{sat}}}^{C} \Gamma_{\text{capdiff}}(\omega)\,\mathrm{d}\omega \tag{2-46}$$

令

$$CON = \left(\frac{mf_l}{M} - \frac{C_{\text{sat}}}{\rho_g}\right)\left(\frac{M}{\rho_l - C_{\text{sat}}M}\right)\sigma\cos\theta_{\text{c}}(\varepsilon K)^{0.5} \tag{2-47}$$

$$NCON = \frac{\lambda_l \lambda_g}{v}\frac{\mathrm{d}J(s)}{\mathrm{d}s} \tag{2-48}$$

则有

$$\Gamma_{\text{capdiff}} = |\, CON \times NCON \,|$$
$$= \frac{CON[s^3(1-s)^3(1.417 - 4.24s + 3.789s^2)]}{v_g s^3 + v_l(1-s)^3} \tag{2-49}$$

先求 W 关于 C 的不定积分：

$$\tilde{W} = CON\int\Gamma_{\text{capdiff}}(\omega)\,\mathrm{d}\omega$$

$$= CON\,(\rho_l/M - C_{\text{sat}})\int\frac{(s^3(1-s)^3(1.417 - 4.24s + 3.789s^3))}{v_g s^3 + v_l(1-s)^3}\,\mathrm{d}s$$

$$= CON\,(\rho_l/M - C_{\text{sat}})(-17\,765s^6 + 88\,447s^5 - 1.9\times10^5 s^4 + 2.1s^3 -$$
$$1.4\times10^5 s^2 + 74\,105s + (1\,072 + 323i)\ln(s - 0.1 + 0.1i) +$$
$$(1\,072 - 323i)\ln(s - 0.1 - 0.1i) - 18\,974\ln(s + 0.3))$$

$$\tag{2-50}$$

由式(2-50)可以求得关于 C 的定积分 $W_{\mathrm{d}}(C)$。从而由牛顿公式可得如下迭代格式：

$$C^{k+1} = C^k - \frac{W_{\mathrm{s}} - W + W_{\mathrm{d}}(C^k)}{\Gamma_{\mathrm{capdiff}}(C^k)}, \ k = 0,1,2,\cdots$$

$$(2-51)$$

在实际计算时，由于当 C^k 趋近于 C_{sat}（将有液态水出现）时，上式的分母 $\Gamma_{\mathrm{capdiff}}(C^k)$ 趋向于 0。为了避免分母为零，可以对 $\Gamma_{\mathrm{capdiff}}(C^k)$ 添加一个无穷小量，从而得到：

$$C^{k+1} = C^k - \frac{W_{\mathrm{s}} - W + W_{\mathrm{d},\varepsilon}(C^k)}{\Gamma_{\mathrm{capdiff}}(C^k) + \varepsilon}, \ k = 0,1,2,\cdots \quad (2-52)$$

式中，$W_{\mathrm{d},\varepsilon}(C^k) = \int_{\mathrm{sat}}^{C} (\Gamma_{\mathrm{capdiff}} + \varepsilon)(\omega)\mathrm{d}\omega = \int_{\mathrm{sat}}^{C} (\Gamma_{\mathrm{capdiff}})(\omega)\mathrm{d}\omega + \varepsilon(C - C_{\mathrm{sat}})$。

基于以上介绍的 Kirchhoff 变换和数值迭代技巧，就可以通过自编程或借助于一些商业软件进行数值计算。本书主要借助于计算流体力学软件 Fluent 及其用户自定义函数功能进行仿真计算。

2.2.3 Fluent 及其 UDF

Fluent 软件是目前市场上最流行的计算流体动力学（Computational Fluid Dynamics，CFD）软件，在美国的市场占有率高达 60%。它具有丰富的物理模型，先进的数值计算方法和强大的后处理功能，所以得到广泛的应用。其模拟能力可以从机翼空气流动到熔炉燃烧，从鼓泡塔到玻璃制造，从血液流动到半导体生产，从洁净室到污水处理的设计，另外还扩展了在旋转机械、气动噪声、内燃机、多相流系统等领域的应用[101]。为了满足一些领域的特殊需要，Fluent 开发了一些专用模块，包括连续纤维模块（Continuous Fiber Module）、燃料电池模块（Fuel Cell Modules）、磁流体动

力学模块(Magnetohydrodynamics Module)和总体平衡模块(Population
Balance Module)等。通过 Fluent 提供的用户自定义函数可以改进和完善
模型,从而处理更加个性化的问题。

文献[101—103]等对 Fluent 的初级入门和高级应用有很好的参考
价值,书中详细介绍了流体力学的基础知识、利用 Gambit 做前处理,
Fluent 参数设定与数值计算,Techplot 后处理等整个过程,内容也涵盖
了流动传热、多相流、可动区域、动网格、组分传输与气体燃烧、凝固和
融化等方面的模拟计算。但是,在利用 UDF 和 UDS(User Defined
Scalar)解决一些标准的 Fluent 模块不能有效处理的问题方面,介绍不是
很多。因此,在本节的后续部分,主要介绍如何利用 UDF 实现方程
(2-35)和方程(2-38)的定义及其相关边界条件、材料属性、源项和对流
通量的定义。

标量方程(2-35)和方程(2-38)的定义

方程(2-35)和方程(2-38)可用通式

$$\nabla \cdot ((k_1 D_g^{\text{eff}})^{-1} \vec{u} W) = \Delta W - \nabla \cdot (k_2 \gamma_c \vec{u} C) \qquad (2-53)$$

表示。在流道区域内,取 $k_1 = 1$, $k_2 = 0$,则式(2-53)退化为式(2-35);在
扩散层区域内,取 $k_1 = 0$, $k_2 = 1$,则式(2-53)退化为式(2-38)。当
Fluent 打开后,通过依次打开菜单 Define ⟶ User-Defined ⟶ Scalars
可以定义方程(2-53)。

边界条件的定义

入口速度是一个与空间位置相关的物理量,可由式(2-31)计算得到。
通过 Fluent 提供的预定义宏 DEFINE_PROFILE(name, t, i)可以定义边
界,采用 x[ND_ND]和 F_CENTROID(x, f, t)能够访问坐标信息,最后用

F_PROFILE(f,t,0)定义需要的函数表达式。

混合密度、黏度的定义

可以通过预定义宏 DEFINE_PROPERTY(name，c，t)定义混合密度和动力黏度。需要指出的是,该宏访问所有的体单元。

扩散系数的定义

扩散系数的定义可以通过预定义宏 DEFINE_DIFFUSIVITY(name，c，t，i)定义;THREAD_VAR(t).fluid.porous 可以识别多孔介质,从而对流道和扩散层内不同的扩散系数进行分别定义。

源项的定义

源项可以采用预定义宏 DEFINE_SOURCE(name，c，t，dS，eqn)定义;通过 c_face_loop(c，t，n)可以进行指定体单元内所有面单元的循环,从而在程序中实现等式(2-40)右端项。

对流通量的定义

等式(2-53)或等式(2-35)的对流项可以通过宏 DEFINE_UDS_FLUX(name,f,t,i)定义对流通量 $(D_g^{eff})^{-1}\vec{u}\cdot\vec{A}$ 实现。

通过定义不同的宏,可以实现方程(2-53)的设定和参数定义,并可以在 Fluent 中加载后进行计算。以下介绍基于上述数值计算方法在 Fluent 中实现后的计算结果。

2.2.4 数值仿真分析

首先对比采用两种方法得到的方程迭代误差曲线。图2-7中的上图是采用查表法得到的残差曲线,USD-0代表 W,其误差最后稳定在 $1.8\times$

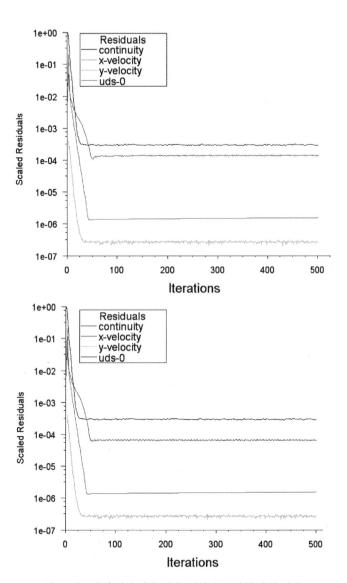

图 2‒7　查表法和牛顿法得到的方程迭代残差对比

10^{-3}左右,而下图中采用牛顿法得到的 W 小于 1.0×10^{-4}。以上分析说明牛顿法的计算精度要大于查表法。但是,与不采用 Kirchhoff 变换得到的结果(图 2-4—图 2-6)相比,两种方法的计算效率和精度都得到很大提高。

图 2-8 所示是分别采用查表法和牛顿法得到的表压力等高线对比。可见两种方法得到的压力值及分布几乎没有差别,且压力都是从入口到出口减小。图 2-9 对比了两种方法得到的 W 等高线分布,可见采用查表法得到的 W 分布(上图)比牛顿法得到的(下图)要稍加粗糙,值也偏大,这与图 2-7 中用查表法得到的结果误差较大有关。此外,也可以对比分析其他

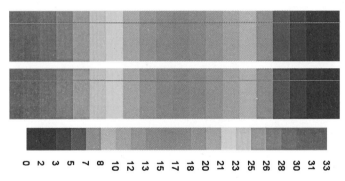

图 2-8 查表法和牛顿法得到的压力(Pa)等高线对比

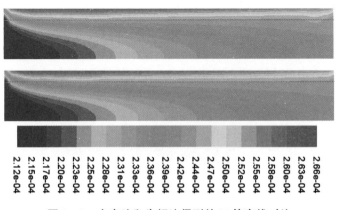

图 2-9 查表法和牛顿法得到的 W 等高线对比

重要物理量如混合水摩尔浓度(图 2-10)、水蒸气摩尔浓度(图 2-10)等,其分布趋势与 W 相同。由于不断有催化层生成的水扩散到扩散层,所以,在扩散层与催化层交界面,即图 2-10 上方有一定量的液态水累积,此时,扩散层内已经有液态水生成,且在流道出口处,水蒸气的浓度也达到了饱和。

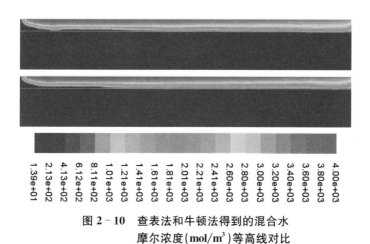

图 2-10 查表法和牛顿法得到的混合水
摩尔浓度(mol/m³)等高线对比

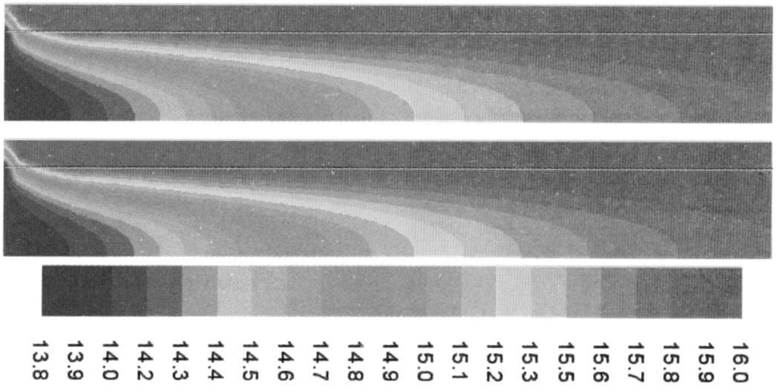

图 2-11 查表法和牛顿法得到的水蒸气
摩尔浓度(mol/m³)等高线对比

综上所述,基于 Fluent/UDF 功能,并采用 Kirchhoff 变换技术和插值法/牛顿法,可以有效地解决 M^2 模型的间断系数问题,并获得合理的计算结果。

2.3　数值仿真验证与分析

基于合理的数学模型并经过验证的数值仿真结果可以用于分析PEMFC内部一些电化学反应过程、反应物及过程变量（如温度、压力等）的空间分布情况，从而为电极结构优化、运行条件的优化和流场结构设计等提供参考。PEMFC空间分布参数模型涉及的变量多而且计算复杂，因此，对仿真结果合理性或正确性的数值验证尤为重要。

最常用的数值仿真验证方法是比较仿真与试验结果的伏安线。文献[93, 104]系统地研究了数值仿真结果正确性的验证，发现在不同的模型假设条件下，计算得到的伏安线仍可能是相同的。因此，采用伏安线验证模型正确性的方法是不充分的，应该考虑仿真结果在电流分布、温度分布等方面的合理性。文献[2, 105]对更复杂的两相PEMFC模型提出了高效快速求解的数值方法，在保证数值离散格式收敛的同时，应用质量守恒原理进一步验证数值解的正确性。

本节在 Fluent 的质子交换膜燃料电池模块基础上对数学模型进行了统一的描述，并针对相应的仿真提出了在工作电流区间段内基于组分质量守恒原理的数值判据因子方法，用于仿真结果验证。通过数值仿真实例，将本节提出的数值判据因子方法应用于对仿真结果的数值验证，分析了相对误差估计、不同网格划分对仿真结果的影响并研究了燃料电池重要物理量（如组分、速度和电流等）空间分布的电化学似然性。

2.3.1　数学模型介绍

模型假设

本节涉及的数学模型不考虑燃料电池的形变，同时忽略重力的影响。燃料电池内气体流动假定为层流（雷诺数<1 000），反应气体认为是可压缩

的单相稳态气体。模型中多孔介质各向同性及渗透率相同。模型忽略气体在质子交换膜中的窜流影响,仅考虑水蒸气在其中的渗透与扩散。双极板等固体区域电导率假定为常数,忽略各层之间的接触电阻。

求解方程与区域

本节求解的方程包括方程(2-2)、方程(2-3)、方程(2-5)—方程(2-8)等。但是,需要指出的是,本章为简化起见,只求解稳态下的情况,即对上述守恒方程的瞬态项不予考虑。单电池三维几何模型与求解区域的选取参考了文献[106]。图 2-12 是仿真的 5 通道单电池流场结构简图,图中左下方的"↑"表示气体入口处,右上方的"↓"表示气体出口处,"→"表示流道内气体流向,黑带表示集电勒条。图 2-13 所示是对应的单电池三维区域,也是数学模型的求解区域。具体的模型尺寸见表 2-4。有关扩散层、催化层以及膜等各层的详细描述可以参见文献[106]。

图 2-12　流道二维结构图

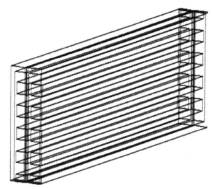

图 2-13　PEMFC 三维结构图

边界条件

上述微分方程组包含 $\bar{u}$, P, T, Y_i, ϕ_{H^+} 和 ϕ_{e^-} 等变量,相应的边界条件设置分述如下。

表 2-4　PEMFC 结构尺寸

	宽度/mm	高度/mm	长度/mm
集流板	0.5	1	74.3
流　道	2.54	1	76.3
扩散层	0.3	10	76.3
催化层	0.01	10	76.3
质子交换膜	0.051	10	76.3
单　池	6.751	10	76.3

流道入口处

气体入口速度按下式计算：

$$u_{\text{in}} = i_{\text{ref}} A_{\text{mem}} \xi_i / (nFC_i A_{\text{in}}) \qquad (2-54)$$

式中，i_{ref} 为参考电流密度；A_{mem} 为质子交换膜的反应面积；ξ_i 为反应物氢气或氧气的过量系数；C_i 表示反应物氢气或氧气的摩尔浓度，$C_i = Px_i / (RT)$，式中，x_i 为反应物的体积分数，其与质量分数的关系式可以通过式 (3-7) 和式 (3-8) 得到；A_{in} 为入口面积。气体入口质量流量 $\dot{m}_{\text{in}}$ 与速度 u_{in} 的关系可用下式表示：

$$\dot{m}_{\text{in}} = \rho u_{\text{in}} A_{\text{in}} \qquad (2-55)$$

对入口处压力 P、温度 T 和质量分数 Y_i 采用第一类边界条件即 $P = P_{\text{op}}$，$T = T_{\text{op}}$，$Y_i = Y_{i,\text{op}}$。

流道出口处

对 $\vec{u}$，P，T，Y_i 采用第二类边界条件，即：$\partial \vec{u} / \partial n = 0$，$\partial P / \partial n = 0$，$\partial T / \partial n = 0$，$\partial Y_i / \partial n = 0$，其中，$n = (n_1, n_2, n_3)$ 为外法线方向的单位向量。

集流板外接面

阳极外接面的固体电位和温度采用第一类边界条件，即：$\phi_{\text{e}^-} = 0$，$T = 0$。其余变量采用第二类边界条件。

在阴极外接面上，ϕ_{e^-} = 常数$(0 <$ 常数 $< V_{oc})$，其余变量边界条件设置同阳极外接面。

其余外表面

对其余外表面，所有变量在其上通量取值为零。

基本参数[106]

本节进行的数值仿真采用了 Fluent 质子交换膜燃料电池模块的部分默认参数设置，基本物性参数见表 2 - 5。在不同工况下，即不同的期望电流密度 i_{ref} 下，气体入口速度或质量流量由式(2 - 54)或式(2 - 55)确定。以期望电流密度 $i_{ref} = 0.5 \ \text{A/cm}^2$ 为例，所用的操作参数见表 2 - 6。

表 2 - 5　物 性 参 数

参 数 名 称	符 号	值	单 位
开路电压	V_{oc}	1.147	V
阳极参考电流密度	$i_{0,a}$	1×10^9	A/m³
阴极参考电流密度	$i_{0,c}$	3×10^3	A/m³
集流板电导率	σ_c	3.541×10^7	S/m
扩散层电导率	σ_{gdl}	5 000	S/m
催化层电导率	σ_{cl}	5 000	S/m
质子交换膜电导率	σ_{mem}	1×10^{-16}	S/m
扩散层孔隙率	ε_{gdl}	0.5	
催化层孔隙率	ε_{cl}	0.5	
扩散层黏度阻力系数	μ_{gdl}	5.68×10^{10}	1/m²
催化层黏度阻力系数	μ_{cl}	5.68×10^{10}	1/m²
H_2 扩散系数	D_{H_2}	1.1028×10^{-4}	m²/s
H_2O 扩散系数	D_{H_2O}	7.35×10^{-5}	m²/s
O_2 扩散系数	D_{O_2}	3.2348×10^{-5}	m²/s

表 2-6 操 作 参 数

	阳 极	阴 极
过量系数	1.5	1.5
温度/K	353	353
H_2 质量分数	0.343 413	0
H_2O 质量分数	0.656 587	0.045 042
N_2 质量分数	0	0.752 4
O_2 质量分数	0	0.202 567
质量流量/(kg·s^{-1})	1.727 07×10^{-7}	2.342 33×10^{-6}
入口压力/atm	2	2
相对湿度	70%	30%

2.3.2 仿真结果的数值误差估计判据

数值仿真结果的合理性和准确性与模型的假设、工作参数设置以及计算方法都有关系。应用数学方法导出在工作电流区间段内基于组分质量守恒原理的数值判据因子方法,用于仿真结果的验证,是本小节要涉及的主要内容。

根据质量守恒原理,参加电化学反应的组分输入量与输出量之差的绝对值等于组分的消耗量或产生量。在式(2-5)中,S_i 代表的就是化学反应的消耗量或产生量。因此,对式(2-5)在整个 PEMFC 三维区域 Ω 上两边积分,并由高斯定理可得

$$\dot{m}_{out} Y_{i,\,out} - \dot{m}_{in} Y_{i,\,in} = \iiint_{\Omega} S_i \mathrm{d}x\mathrm{d}y\mathrm{d}z \qquad (2-56)$$

根据法拉第定律,组分的产生量或消耗量与输出的电量成正比,即 $S_{Y_i} =$

$\pm M_i j/(n_i F)$，同时考虑关系式 $\iiint\limits_{\Omega} j_a \mathrm{d}x\mathrm{d}y\mathrm{d}z = \iiint\limits_{\Omega} -j_c \mathrm{d}x\mathrm{d}y\mathrm{d}z = I$，式(2-56)可写成如下形式：

$$| \dot{m}_{\mathrm{in},i} - \dot{m}_{\mathrm{out},i} | = M_i I/(n_i F) \qquad (2-57)$$

上式表示电流为 I 时组分 i 的消耗量或产生量。式中，$\dot{m}_{\mathrm{in}} Y_{i,\mathrm{in}} = \dot{m}_{\mathrm{in},i}$，$\dot{m}_{\mathrm{out}} Y_{i,\mathrm{out}} = \dot{m}_{\mathrm{out},i}$ 分别表示组分 i 在入口和出口处的质量流量。因此，对组分 i，在某一电流 I 下，仿真计算的相对误差可定义为如下数据判据因子：

$$err_i = \frac{| | \dot{m}_{\mathrm{in},i} - \dot{m}_{\mathrm{out},i} | - M_i I/(n_i F) |}{| \dot{m}_{\mathrm{in},i} - \dot{m}_{\mathrm{out},i} |} \times 100\% \qquad (2-58)$$

燃料电池电化学反应的消耗组分为 H_2、O_2 及生成组分为 H_2O，所以可用下式

$$err = (err_{H_2O} + err_{H_2} + err_{O_2})/3 \qquad (2-59)$$

作为在某一电流 I 下仿真计算结果的相对误差估计数值判据因子。为了得到整个伏安线的平均误差估计，对式(2-59)关于电流密度在 $[0, i_{\max}]$（此处取 $i_{\max} = 1\,\mathrm{A/cm^2}$）上积分并取平均，可得

$$Err = \int_0^1 err(i)\mathrm{d}i = \int_0^1 [(err_{H_2O}(i) + err_{H_2(i)} + err_{O_2}(i))/3]\mathrm{d}i$$

$$(2-60)$$

式(2-60)的值就是本节提出的工作电流区间段模型仿真结果的误差估计数值判据因子，其大小可作为计算结果正确性验证的判据之一。

2.3.3　数值仿真验证

本节将通过具体的数值仿真实例，将数值判据因子方法应用于对仿真计算结果的数值验证，分析相对误差估计、不同网格划分对仿真结果的影响，并研究燃料电池重要物理量（如组分、速度和电流等）空间分布的电化学似然性。相应的数值仿真是基于 Fluent 的质子交换膜燃料电池模块并

在 DELL Precision WorkStation 470(Intel (R) Xeon(TM) CPU 3 GHz (2
CPUs) 3 326 MB 的内存)计算机上进行的,总耗时约 24 小时。

伏安线与相对误差估计

利用 Fluent 的质子交换膜燃料电池模块,并根据试验条件[107]改变
相应的工作参数,可以得到工作电流区间段的伏安线(图 2 - 14 中实
线)和式(2 - 59)定义的仿真结果相对误差的数值判据因子曲线(图
2 - 14中虚线)。在工作电流区间段内,仿真结果相对误差的数值判据
因子曲线保持在很小的范围内,仿真得到的电池极化曲线和试验结果
吻合较好。

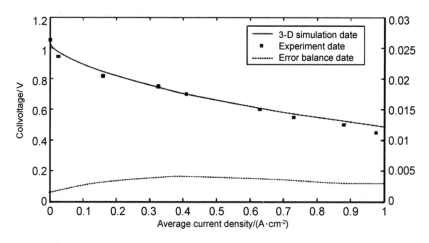

图 2 - 14 极化曲线和质量守恒误差曲线

不同网格下的结果分析

三维数学模型的仿真结果误差也受网格划分的影响。本节采用上节
操作参数,在三种不同的网格划分下进行数值仿真,结果见表 2 - 7。随着
网格的加密,数值计算结果变化不大,且数值判据因子均落在很小的范
围内。

表 2-7　不同网格剖分下结果比较

	Case 1	Case 2	Case 3
单元数	63 920	322 080	972 160
节点数	75 276	3 609 121	1 053 997
电流密度	0.242 5 A/cm²	0.243 A/cm²	0.242 6 A/cm²
误差	0.288%	0.270%	0.269%

2.3.4　数值仿真分析

上节的仿真实例验证了仿真数值计算的合理性,但是,仿真得到的燃料电池重要物理量(如组分、速度和电流等)空间分布的电化学似然性仍需更进一步的分析。

阳极组分分析

沿流道方向(图 2-12 中 Z 方向) $x = 0.00284$ m 处阳极扩散层与催化层交界面上(Y-Z 截面)的水蒸气摩尔浓度、氢气摩尔浓度和相对湿度的分布如图 2-15—图 2-17 所示。

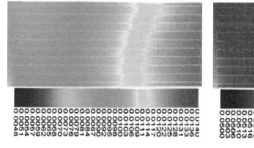

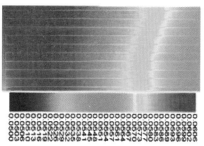

图 2-15　H_2O 摩尔浓度 (kmol/m³)　　图 2-16　H_2 摩尔浓度 (kmol/m³)

由图 2-15 可知,阳极水蒸气的摩尔浓度沿流道方向是增加的。原因之一是,入口处反应相对剧烈,质子从阳极到阴极的迁移带走较多的水分,阴极反应生成水的反扩散量较小,从而造成阳极侧入口端水蒸气的摩尔浓度较低;原因之二是,随着反应的发生,阴极生成更多的水,浓度差产生的水反扩散量大于电渗力产生的水迁移量,所以,阳极侧出口端水蒸气的摩尔浓度较高。和水蒸气相反,由图 2-16 可知,氢气的摩尔浓度沿流道减小,原因是电化学反应沿流道不断消耗氢气。在相同条件下,相对湿度与水蒸气的摩尔浓度成正比例关系,因此,图 2-17 表示的相对湿度空间分布与图 2-15 所示相似。

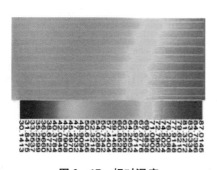 

图 2-17　相对湿度　　　　　　图 2-18　速度等高线(m/s)

速度场分析

图 2-18 所示是 Y 轴中截面($y = 0.05\ \mathrm{m}$ 处)阳极流道内的传质速度等高线分布,可知速度是逐渐减小的。经后处理可得,$\dot{m}_{\mathrm{in}} = 1.727\ 07 \times 10^{-7}\ \mathrm{kg/s}$,$\dot{m}_{\mathrm{out}} = 1.191\ 179\ 7 \times 10^{-7}\ \mathrm{kg/s}$,$\rho_{\mathrm{in}} = 0.332\ \mathrm{kg/m^3}$,$\rho_{\mathrm{out}} = 0.343\ \mathrm{kg/m^3}$,且 $A_{\mathrm{in}} = A_{\mathrm{out}}$,由式(2-54)和(2-55)可知,必有 $u_{\mathrm{in}} > u_{\mathrm{out}}$。

电流密度分析

图 2-19 和图 2-20 所示分别是阳极与阴极双极板外接面的电流密度分布,阳极与阴极电流密度分布几乎相同,都受集电勒条的影响,平均电流密度为 $0.243\ \mathrm{A/cm^2}$。图 2-21 所示是质子交换膜沿流道方向 $x =$

0.002 857 1 m 处(中截面)的电流密度分布,在入口处相对湿度较小导致膜水合程度不高,膜的电导率较小,电流密度较小;沿流道方向,随着反应生成水的增多,膜的水合程度增加,膜的电导率增大,电流密度逐渐增大。

对图 2-19—图 2-21 所描述区域的电流密度进行积分:

$$\iint_{A_1} i_1 \mathrm{d}S = 1.854\,620\,6\ \mathrm{A}, \iint_{A_2} i_2 \mathrm{d}S = 1.854\,623\,7\ \mathrm{A},$$

$$\iint_{A_3} i_3 \mathrm{d}S = 1.854\,830\,7\ \mathrm{A},$$

式中,A_1,A_2,A_3 分别表示阳极外接面、阴极外接面、质子交换膜中截面,i_1,i_2,i_3 分别表示 A_1,A_2,A_3 面上的电流密度,上述不同位置处的电流密度分布不同,但是积分后的电流相同,从而符合电荷守恒定律,这也从另一方面说明了本书模型的正确性。

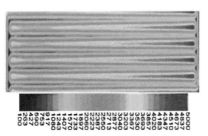

图 2-19 阳极电流密度分布($\mathrm{A/m^2}$)

图 2-20 阴极电流密度分布($\mathrm{A/m^2}$)

本节基于 Fluent 的质子交换膜燃料电池模块描述了质子交换膜燃料电池的三维数学模型,提出了在工作电流区间段内基于组分质量守恒原理的数值判据因子方法,用于仿真结果验证。通过数值仿真实例,将本节提出的数值判据因子方

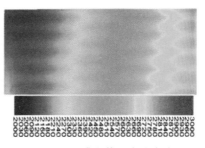

图 2-21 膜中截面电流密度
分布($\mathrm{A/m^2}$)

法应用于对仿真计算结果的数值验证,分析了相对误差估计、不同网格划分对仿真结果的影响并研究了燃料电池重要物理量(如组分、速度和电流等)空间分布的电化学似然性。仿真结果表明,本书提出的数值判据因子方法可以验证质子交换膜燃料电池仿真结果的数值计算的合理性,Fluent的质子交换膜燃料电池模块在中低电流密度且生成液态水较少的情况下是准确的。但是,质子交换膜燃料电池在正常工作时,尤其是在大功率下运行阶段,反应生成的水呈气/液两态,单相模型不能描述实际状况。因此,下一步工作拟拓展 Fluent 的质子交换膜燃料电池模块为两相流模型,进行更加全面的数值仿真。

2.4 本 章 小 结

本章首先对 PEMFC 数值仿真涉及的分布参数模型守恒方程、数值计算方法和重要参数的数值特征等进行了介绍;然后基于 Fluent 的自定义函数功能,采用 Kirchhoff 变换技术对 M^2 模型间断系数导致的数值振荡和发散问题进行了有效地解决,并提高了计算精度和效率;最后,采用数值判据因子方法对数值计算结果进行了验证分析。本章工作是后文采用数值仿真对 PEMFC 具体问题进行研究的重要基础。

第 3 章
质子交换膜燃料电池协同仿真与
电压"undershoot"现象研究

本章建立了一个关于 PEMFC 动力单元的协同仿真平台,其中电堆采用两相、非等温、分布参数模型仿真,辅助单元采用集总参数模型模拟。通过外部负载和其他辅助单元与电堆的动态数据交换,可以得到不同工况下电堆内重要物理量的动态分布。作为仿真实例,基于该协同仿真平台研究了外部负载阶跃变化时,电堆内电压出现"undershoot"(陡降)现象的原因。

3.1 引　　言

燃料电池在运行周期内,外部负载是动态变化的,这种现象对车用 PEMFC 而言更加常见。但是 PEMFC 辅助单元的动态响应一般具有滞后性。一些维持电堆正常运行的操作条件(如空气流量、相对湿度、压力、温度等)若不能及时地提供给电堆,则可能造成电堆内反应物饥饿和膜干,进而引起炭载体腐蚀和电池性能的下降等。因此,理解燃料电池在瞬态工况下的动态反应情况对 PEMFC 技术的成功实施尤为重要。

根据 1.4 节的介绍可知,混合参数模型(协同仿真模型)可以兼顾分布参数模型能反映电堆内重要物理量根据机理变化和集总参数能反映动态特性的优势。本章的目的就是建立这样一个协同仿真模型。贺明艳等[89]提出了基于 Simulink/Fluent 的质子交换膜燃料电池系统协同仿真方法,结合 Simulink 和 Fluent 各自的功能,利用 Simulink 的 S-函数及 Fluent 的日志文件开发了两者的接口,通过共享数据文件的方式实现了两程序之间数据的同步传递,初步建立了燃料电池模拟系统的三维协同仿真平台。

本章的工作是在文献[89]的基础上,建立 PEMFC 动力系统的协同仿真平台,其中对辅助单元采用集总参数模型建模,并将原来 PEMFC 的单相三维模型扩展为两相电堆模型。利用该协同仿真模型,可以分析在外部负载/其他辅助单元动态变化时,堆内重要物理量的空间分布。基于该平台,仿真得到了外部负载动态变化情况下电堆输出电压呈现出的"undershoot"现象,该结果与理论和试验结果一致[48, 108-110]。最后,通过分析堆内重要物理量的动态变化,分析了电堆电压"undershoot"的形成原因及可能对电堆造成的危害。

3.2 协同仿真平台的建立

图 3-1 是一个典型的 PEMFC 动力系统结构图,图中外部负载、氢气/空气供应子系统、冷却/增湿子系统是辅助单元,它们为电堆提供正常工作所需的操作条件。当接收到外部负载需求后,PEMFC 动力系统控制器启动辅助单元。根据负载的大小,氢气和空气供应单元提供匹配的反应气流量、压力;随后,反应气经过增湿器并被增湿,以保证电堆内能够维持较好的水平衡。热管理系统通过调整冷却液的流量和风扇转速来保证电堆在安全的温度环境下运行。

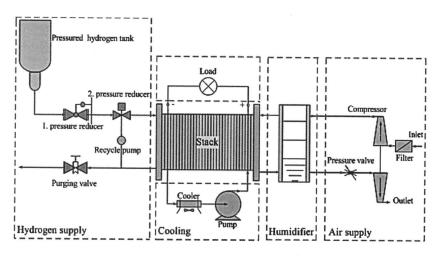

图 3－1　PEMFC 动力系统结构图[111]

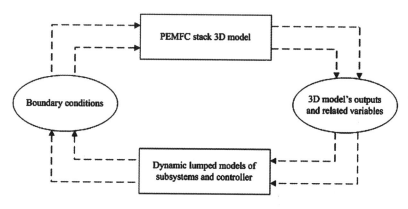

图 3－2　协同仿真数据传递示意图[89]

协同仿真的数据传递流程如图 3－2 所示。外部辅助单元的信号通过动态集总参数模型传递到电堆的入口处,并作为两相、三维瞬态电堆模型的边界条件。外界输入的信号包括反应气和冷却液状态量的数据(如流量、温度、压力、湿度等)。根据集总模型传递来的边界条件,电堆的分布参数模型可以计算堆内重要物理量的空间分布(温度、压力、速度、湿度、组分浓度等),并且电堆出口边界处的数值结果可以以输入信号的形式反馈给相应的辅助单元。采用这种数据传递方式,可以初步建立 PEMFC 动力系统的协同仿真平台。以下在合理的模型假设基础上,各个子系统的数学模型会被加以详细描述。

3.2.1 模型简化与假设

3.2节的主要目标是介绍动力系统的各个单元和它们之间的数据传递关系。因此,采用以下假设来便于建立数学模型。

· 忽略增湿单元为达到满足需要的气体增湿程度而造成滞后时间;

· 冷却单元能满足实际的散热需要;

· 电堆内存在气液两相水;

· 忽略外力和内部热应力等造成的 PEMFC 结构变形;

· 不考虑重力影响;

· 气体组分为理想气体;

· 质子交换膜、催化层和扩散层等为各向同性的介质;

· 辅助单元和电堆是精确匹配的。

3.2.2 氢气供应系统模型

氢气供应系统主要由高压氢气罐、减压阀、排氢阀和传感器组成。氢气入口质量流量 $\dot{m}_{H_2}^{in}$,kg/s,是根据需求电流 i_{ref},A/m²,和过量系数比 ξ_a 计算得到的,对应的计算公式为

$$\dot{m}_{H_2}^{in} = \frac{i_{ref} A_{mem} M_{H_2} \xi_a}{2F} \tag{3-1}$$

式中,A_{mem} 是质子交换膜的反应面积,m²;M_{H_2} 是氢气的摩尔质量,kg/mol。另外,根据阴极侧入口压力的变化,阳极的操作压力可以通过减压阀做相应的调整,以保证质子交换膜两侧的压力差维持在 0.2 atm 以内。

3.2.3　空压机模型

空压机模型可以分为两部分。第一部分是关于空压机的静态性能数据表,其作用是确定空气流量。第二部分表述的是空压机电机转动惯量,其作用是确定空压机的转速。空压机的转速作为静态性能数据表的输入量可以确定空气的质量流量。因此,压缩的空气流量 $\dot{m}_{air}^{in}$ 可以通过包含空气压比和转速的数据表确定,即

$$\dot{m}_{air}^{in} = \frac{P_{std} \cdot T_{amb}}{(T_s td + 273.15)P_{amb}} \cdot \mathrm{LUT}_1(rpm_{comp}, K_{pr})$$

$$(3-2)$$

式中,$\mathrm{LUT}_1(rpm_{comp}, K_{pr})$ 是一个二维数据表格,rpm_{comp} 是由电流大小决定的空压机转速:

$$rpm_{comp} = \mathrm{LUT}_2(I)$$

$$(3-3)$$

K_{pr} 是压比,定义为

$$K_{pr} = \frac{P_{comp, out}}{P_{amp}}$$

$$(3-4)$$

其中,$P_{comp, out}$ 可以根据电堆的出口反馈值,P_{back} 以及堆内压降 P_{drop},逆推得到。它们之间的关系式是

$$P_{comp, out} = P_{back} + P_{drop}$$

$$(3-5)$$

3.2.4　增湿器模型

在实际中,有多种增湿阴阳两极反应气体的方法,如鼓泡增湿、焓轮增湿以及现在流行使用的膜增湿。但是,决定增湿效果和气体相对湿度的重要因素是气体的温度和水蒸气分压,即

$$RH = \frac{x_{\mathrm{H_2O}} P}{P_{\mathrm{sat}}(T)} \qquad (3-6)$$

式中，$x_{\mathrm{H_2O}}$ 是水蒸气的摩尔分数，P_{sat} 是水蒸气在温度 T 时的饱和压，可由公式(1-44)计算得到。

3.2.5　质子交换膜燃料电池堆模型

电堆是 PEMFC 动力系统的核心部件；辅助单元的控制目标是优化电堆工作条件以提高其性能并延长其寿命。本节采用第 2 章介绍的守恒方程式(2-2)、式(2-3)、式(2-5)—式(2-8)等来描述电堆内质量、动量、反应组分、温度、电荷等的动态传递过程。

由于 PEMFC 堆是在相对较低的温度下工作的(≤100℃)，水蒸气易于凝结成液态水，尤其是在高电流密度下这种现象更容易出现。因此，本书采用了 VOF 方法[式(2-14)]模拟液态水在流道内的形成和传输过程；同时采用饱和度模型[式(2-15)]描述液态水在多孔介质中的传输过程。之所以采用不同的方程模拟不同区域的液态水传输，是考虑到在流道内对流传输占优，但在多孔介质中，毛细管力是液态水传递的主要推动力。

求解上述耦合、非线性的偏微分方程组，所需要的边界条件和初始条件如下所述。

入口边界

反应气入口速度的大小由辅助单元提供，入口处各组分的质量分数 Y_i 可由入口压力和相对湿度计算得到：

$$Y_i = x_i M_i / M \qquad (3-7)$$

式中，x_i 和 M_i 分别是第 i 种组分体积分数和摩尔质量。M 是平均摩尔重量

$$M = \sum x_i M_i = \frac{1}{\sum Y_i / M_i} \tag{3-8}$$

对温度 T 和饱和度 s，采用第一类边界条件：

$$T = 353.15\ \text{K},\ s = 0 \tag{3-9}$$

对电子电势 ϕ_{e^-}，和质子电势 ϕ_{H^+}，采用第二类边界条件：

$$\frac{\partial \phi_{e^-}}{\partial n} = 0,\ \frac{\partial \phi_{H^+}}{\partial n} = 0 \tag{3-10}$$

出口边界

对所有待求物理量采用充分发展或零通量边界条件：

$$\frac{\partial \vec{u}}{\partial n} = 0,\ \frac{\partial p}{\partial n} = 0,\ \frac{\partial Y_i}{\partial n} = 0,\ \frac{\partial T}{\partial n} = 0,$$

$$\frac{\partial \phi_{e^-}}{\partial n} = 0,\ \frac{\partial \phi_{H^+}}{\partial n} = 0,\ \frac{\partial \phi_{H^+}}{\partial n} = 0 \tag{3-11}$$

固体边界

对变量 $\vec{u}$，p，Y_i，ϕ_{e^-}，s 采用无滑移或零通量边界条件：

$$\vec{u} = 0,\ \frac{\partial p}{\partial n} = 0,\ \frac{\partial Y_i}{\partial n} = 0,\ \frac{\partial \phi_{e^-}}{\partial n} = 0,\ \frac{\partial s}{\partial n} = 0 \tag{3-12}$$

对电子电势 ϕ_{e^-} 和温度 T，它们在电堆外接面上的边界条件为

$$\begin{cases} \phi_s = 0, & T = T_0 \quad \text{第一片单池阳极外接面} \\[2mm] \dfrac{\partial \phi_{e^-}}{\partial n} = -i, & T = T_0 \quad \text{最后一片单池阴极外接面} \\[2mm] \dfrac{\partial \phi_{e^-}}{\partial n} = 0, & \dfrac{\partial T}{\partial n} = 0 \quad \text{其余电堆外接面} \end{cases} \tag{3-13}$$

电堆入口处的初始条件由辅助单元的集总模型给出，其余区域初始条件

由稳态计算得到的电堆内部流场信息获得。上述集总参数模型和分布参数模型分别在软件 Simulink 和 Fluent 环境编程实现。具体的实施过程为：辅助单元的数据实时传递给 Simulink 的 S 函数；S 函数将相关数据（如电堆入口条件）写入 Fluent 的日志文件；Simulink 通过日志文件可以调用 Fluent 进行电堆三维模型地计算且每个时间步得到的数据被 Fluent 保存；此外，电堆出口处的相关信息（如阴极端背压、堆内压力降，阳极氢气流量等）反馈给空压机和氢气供应系统等。根据电堆反馈值，辅助单元可以确定下一个时间步的操作条件（入口条件），并将其传递给 S 函数以重新调用 Fluent 进行计算。至此，建立了一个闭环的协同仿真平台。详细的仿真流程如图 3-3 所示。

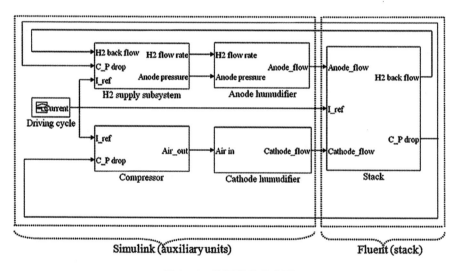

图 3-3　协同仿真示意图

3.3　电压"undershoot"现象试验研究

燃料电池汽车在实际运行时，根据功率需求要进行相应的动态加载或降载。在此过程中，经常遇到的现象是在加载瞬间，电堆电压出现陡降，即

undershoot 现象。这会造成电堆性能的下降，甚至电堆电压反极，最终导致电池失效或寿命衰减。因此，通过试验和仿真研究这种现象，并从机理上进行分析是很有意义的工作。本节的主要任务是采用试验的方法，分析在不同负载水平下加载时，电压 undershoot 的变化情况。

3.3.1　试验系统及装置

本章针对 undershoot 现象研究的测试平台，是在课题组已有的燃料电池实验平台上搭建完成的。平台的硬件主要包括：燃料电池电堆、氢气供给系统、电子负载、控制器以及各种传感器等；软件主要是基于 CCS‐V3.3 DSP 开发环境在线更新数据和 Labview™ 的数据自动采集系统（平台包含的主要软硬件设备图见附录 A）。

本试验采用的电堆是 Horizon 燃料电池技术公司生产的。该电堆采用自增湿自呼吸方式，额定输出功率为 1 kW，包含 72 片单池，每片单池的膜反应面积是 54 cm²。电堆的阴极采用敞开式的结构，采用四个风扇进行散热和氧气供应。因此，可以认为阴极的空气供应是过量的。电堆的阳极供氢采用 dead-end 模式，在阳极出口处配备有常闭的电磁阀，可以通过程序控制其开启与关闭的频率。电磁阀具有快速响应性（这里响应时间约为 20 ms），以确保对 purge 操作的精确控制。这里特别指出，在出厂设定的 purge 控制参数中，purge 周期在电堆运行的所有工况点均为 10 s，而只有 purge 持续时间随着电堆的输出电流增大，从 0.1 s 相应地逐渐延长到 0.7 s。这样的 purge 控制参数虽然可以保证燃料电池稳定运行，但从提高燃料电池效率等角度显然还有很大的优化空间，而这也正是本书后续研究的出发点之一（主要是本书的第 5 章）[112]。

所采用电子负载的型号为 TDI WCL488 MASTER，它特别适用于高电流/高功率蓄电池、稳压电源及燃料电池的测试，具有如下主要特征：① 恒电流、恒电阻、恒功率和恒电压四种基本工作模式，以及不是很常用的脉冲模式;② IEEE488 和 RS232 数字接口,以及 0～10 V 的模拟编程输入接口;③ 对电子负载的操作,可完全在电子负载的前面板上实现,但在通过 IEEE488 或 RS232 总线与计算机相连的情况下,也可由计算机编程控制;在本书试验中主要通过上位机实现 WCL488 的操作和控制[112]。

上位机采用安装有 Labview™软件的普通计算机。计算机与电子负载之间连接有串口线,从而,通过调用相关的 Labview™程序,上位机就可实现对电子负载的动态控制以及对电子负载上传数据的实时显示和保存。关于 Labview™的详细描述及操作可以参见文献[113,114],此处不做赘述。控制电子负载的上位机操作界面和相关代码及其其他硬件设备请参见附录Ⅰ。

3.3.2 试验目的及步骤

本书测试平台的目的有三个:① 不同电流下等量加载时,电压呈现的 undershoot 现象研究;② 不同电流下,氢气的利用率;③ 不同电流下,purge 对电压的影响。后两个试验目的主要与本书第 5 章对应,为了提高试验效率,节约资源,试验时同时进行了上述三个试验。阳极 purge 操作模式下的氢气利用率计算采用了排水法,整个试验系统的结构如图 3 - 4 所示。实验开始前,先在燃料电池的相关控制程序中,将电磁阀的开启周期及每次保持开启状态的时间分别设为 11.15 s 和 0.15 s,并使其在整个实验过程中都保持恒定。然后,待一切准备工作就绪,就可以进行相关试验。以下是本实验的主要操作步骤[112]。

(1) 从温/湿度计读取并记录实验环境的温/湿度;

(2) 打开氢气瓶阀门,并将第一、二级减压阀的出口压力依次调节到 0.8 MPa 和 0.065 MPa,以使氢气在电堆入口处的压力被稳定在0.065 MPa (purge 发生时会有瞬时波动);

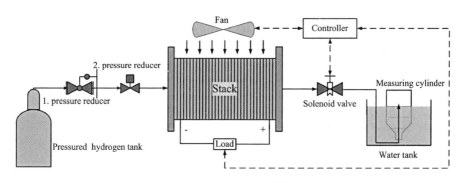

图 3 − 4　PEMFC 测试系统结构图

（3）使供氢管路保压 1 分钟左右,若无氢气泄漏现象发生,则开启燃料电池电堆;

（4）通过上位机将电堆的输出电流设定为 0 A,即使其工作于空载状态;

（5）待燃料电池稳定运行(可用上位机采集到的电堆电压曲线图判断)后,用排水法收集 5 次 purge 排出的氢气,读取相关数值并作记录;

（6）通过上位机使电堆的输出电流从 0 A 以 2 A 为步长分别加载至22 A,并分别重复步骤 5。需要指出的是,为了研究峰值电流下 purge 对电压的影响,最后也考察了 25 A 电流时电压的波动情况。

基于以上操作,可以得到不同负载下电磁阀开启时排放的氢气量,并可以进一步根据相关的守恒定律和公式进行氢气利用率的分析。purge 操作对电堆电压的影响,和不同负载下加载时电压呈现的 undershoot 现象试验也可通过上述类似的步骤进行。

为了比较不同负载水平下,电压呈现的 undershoot,本节选取 4 种情况进行对比,详细的结果如图 3 − 5 所示。由图可见,从不同负载下加载 2 A的电流,电压呈现出的 undershoot 在三方面有差异:瞬间下降量(Voltage drop)、恢复量(Recovery quantity)、恢复所需时间(Recovery time)等。当电流由 0 变为 2 A 时,是活化过电位起主要作用的区域,由图 1 − 2(b)和式

(1-35)可知,过电位是随电流呈现指数级的增长,故电压的下降量最大。当电流变为 2 A 后,电压从最低点缓慢的回升,大约经历 72 s 后,电压逐渐稳定。在此过程中,电压的恢复量只有 0.56 V,原因可能是在低电流下,电堆内几乎没有液态水的累积,电压出现的 undershoot 是由气体供应不足和膜干造成的。当电流由 10 A 变为 12 A 时,电压出现了很严重的陡降现象,并在瞬间回升,这可能造成电堆性能的严重下降甚至永久损害。造成这种现象的原因可能是:① 阳极燃料饥饿。阳极采用的是 dead-end 操作模式,过量系数为 1,在负载加载时,可能会造成瞬间燃料供应不足;② 电迁移力随电流的升高而增大。这会从阳极带走水分至阴极,导致膜干,最终造成欧姆过电位的增大和输出电压下降。需要注意的是,在此阶跃变化下,恢复量和恢复时间都是最大的,因为在电流增大后,堆内生成的水分逐渐增多,膜的水合性变好,电堆的性能也逐渐得到恢复。如图 3-5(c)所示,当电流由 16 A 变为 18 A 时,电压的下降量和恢复时间都有所降低,这是因为在中等电流密度下,电压的下降主要由欧姆过电位引起,而此时膜的水合性较好,一定程度上缓和了欧姆过电位的升高。当电流从 20 A 变为 22 A 时,电压几乎没有恢复,因为此时引起电压下降的因素主要是内部液态水的累积,而不是燃料供应不足或膜干。此时电压的提升只能通过 purge 作用(详细的说明参见第 5 章)。

图 3-6 所示是不同电流下加载时,与电压 undershoot 相关的三个特征量的变化情况对比。可见,当电流在 0~10 A 之间阶跃变化时,电压的下降量逐渐减少,这与低电流下,活化过电位起主导作用有关。但是在中等电流密度下(10~16 A),电压的下降量和恢复量都有所提高,这与中等电流下,欧姆过电位起主导以及膜的水合程度密切相关。需要注意的是,此时电压恢复需要的时间也几乎是最长的,因为膜水合需要相对较长的时间。在高电流下,电堆的性能主要受液态水累积的影响,电压恢复量和恢复时间逐渐下降。

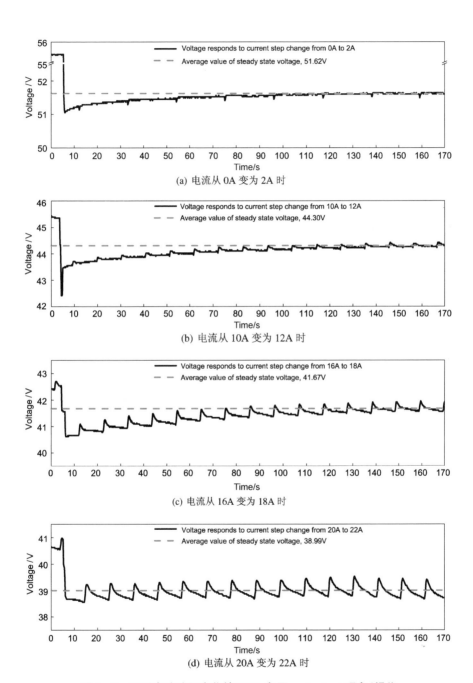

(a) 电流从 0A 变为 2A 时

(b) 电流从 10A 变为 12A 时

(c) 电流从 16A 变为 18A 时

(d) 电流从 20A 变为 22A 时

图 3‐5　不同电流阶跃变化情况下,电压 undershoot 现象(操作
条件:环境温度 12℃,相对湿度 88%,风扇转速 55 r/s)

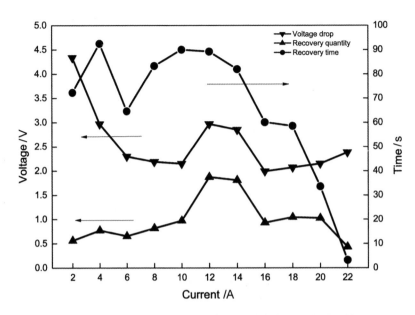

图 3-6 不同电流阶跃变化情况下，电压相关特征量比较

以上根据试验测试结果对不同阶跃变化下，电压呈现的变化情况进行了分析。但是，动态变化时电堆内的变化情况并不能直观的表现。在下节，借助于本章建立的协同仿真平台，对电压 undershoot 现象进行深入的机理分析。

3.4 数值仿真验证与分析

本节的主要任务是首先验证 PEMFC 动力系统协同仿真平台的可行性与有效性。然后在此基础上，仿真当外界负载变化时，电堆和辅助单元的动态特性。

对燃料电池堆及其不同组件的详细描述可以参见[47，71]。本书仿真采用的电堆几何结构尺寸和物性参数分别见表 3-1 和表 3-2，阴极的流道结构如图 3-7 所示,阳极的流场结构除气体入口位置与阴极不同外,其他结构和尺寸与阴极的相同。为方便起见,图 3-7 中的三片单池从左到右依次命名为: #1、#2、#3。

表 3-1　PEMFC 结构尺寸

	宽度/mm	高度/mm	长度/mm
集流板	0.5	129	149
流　道	1	1	149
扩散层	0.3	129	149
催化层	0.01	129	149
膜	0.051	129	149
单　池	3.751	129	149

表 3-2　PEMFC 物性参数

名　　称	值
双极板电导率	3.541×10^7 S/m
扩散层电导率	5 000 S/m
催化层电导率	5 000 S/m
质子交换膜电导率	1×10^{-16} S/m
阳极参考交换电流密度	1×10^9 A/m^3
阴极参考交换电流密度	2×10^3 A/m^3
氢气扩散系数	1.128×10^{-4} m^2/s
水蒸气扩散系数	7.35×10^{-5} m^2/s
氧气扩散系数	$3.234\,8 \times 10^{-5}$ m^2/s
扩散层粘性阻力系数	1.0×10^{12} m^{-2}
催化层粘性阻力系数	1.0×10^{12} m^{-2}
质子交换膜等价摩尔质量	1 100 kg/kmol

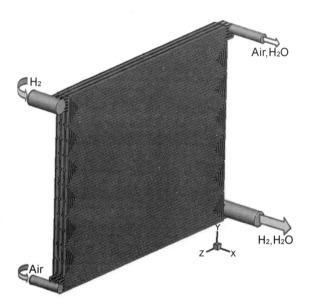

图 3 - 7　电堆和阴极流场结构示意图

模型的仿真计算是在 Dell Inc. OptiPlex 760（Pentium（R）Dual - Core CPU E5200 @ 2.50 GHz，RAM 3G)上进行的，共耗时约 150 小时。

采用 2.3 节介绍的模型验证方法，可以保证本书的数值计算结果在质量守恒意义下是合理的。详细的仿真结果验证与分析在下小节给出。

3.4.1　数值仿真验证

通过将仿真结果与试验数据对比验证协同仿真模型的可靠性是必要的。但是，实际电堆一般由上百片单池组成、运行时间以小时计，由于目前计算能力的限制，无论是从仿真规模还是仿真时间上，都还不能此类的模拟。此外，在已发表的文献中也没有发现有类似于本书工作，即采用集总参数模型对辅助单元仿真，同时采用三维、两相的分布参数模型来模拟电堆的协同仿真。因此，本节采用与文献中一些通过试验/仿真得到的结果[108, 109, 115]进行定性地比较。由此可知，差别是不可避免的。但是，我们更关注同一现象下的机理解释和重要物理量的空间分布信息。故在此意义下,以下的仿真对比依然是合理和可行的。

图 3 - 8(a)和(b)所示分别是电堆的试验和仿真的结果。由于电堆中单池形状和数量的差异(如试验中电堆含有 47 片单池,仿真的电堆只有 3 片单池;操作时间也不相同),图(a)和图(b)中电流和电压的幅值不同。然而,两者的变化趋势在某种意义上是相似的。例如,在负载加载或电流变大时,二者电压均表现出"undershoot",变化幅值不同是由于前者采用的是阶跃式加载,而后者采用的是线性加载。

此外,我们也从文献中找到一些仿真数据[108, 109]来验证本书的结果。从图 3 - 8(c)和(d)可知,在电流采用阶跃或线性加载时,对应的电压值都表现出"undershoot",这与图 3 - 8(b)中当时间从 7 s 变化到 17 s 时电压的变化趋势相同。但是,需要指出的是,当时间从 33 s 变化到 48 s 时,图 3 - 8(b)中的电压的变化趋势与图 3 - 8(c)和(d)仿真结果不同,但与图 3 - 8(a)所示试验结果类似,即加载过程中电压出现持续的下降。这是由辅助单元的反应滞后和电堆内液态水累积造成的,详细的解释见下一小节和图 3 - 11。能够模拟到更接近实际的现象是在协同仿真平台上采用两相、分布参数模型对电堆模拟的优势之一。

采用协同仿真的另一优势是可以解释外部辅助单元和其引起的电堆动态特性。作为仿真实例,在下一小节,我们通过分析辅助单元和电堆内重要物理量的动态反应来解释加载时电压出现"undershoot"的原因及可能对电堆造成的危害。

3.4.2　重要物理量动态特性分析

在负载(电流)经历图 3 - 8(b)所示的多周期变化时,电堆内重要物理量(如阴极侧压力降、空气流量、催化层内组分浓度和水的饱和度等)的动态响应在下节做详细讨论。

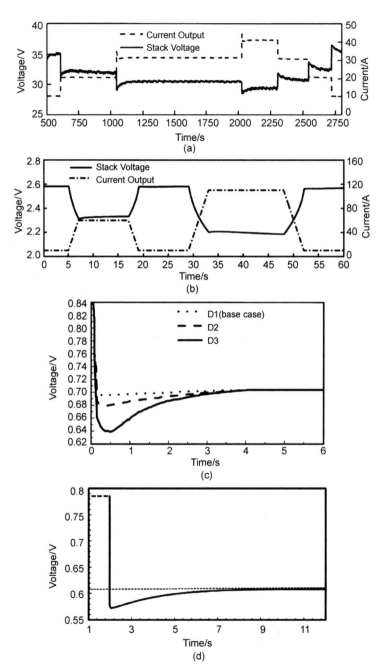

图 3 - 8　仿真结果验证,其中,(a)是试验获得的电堆动态反应数据[115];(b)是本书
仿真结果;(c)和(d)分别是电流阶跃变化时,电压的动态反应数据[108-109]

　　图 3-9 描述了阴极侧在负载多周期变化时,阴极侧压力降和空气流量随时间的变化。由图可知,当系统以较小的 10 A 电流输出时(对应的时间段分别是:$t=0\sim5\,s$、$t=19\sim29\,s$、$t=52\sim60\,s$),这两个物理量呈现出相同的变化趋势。但是,在大电流情况下,如 60 A 和 110 A(对应的时间段分别是:$t=7\sim17\,s$、$t=33\sim48\,s$),二者的变化趋势有明显的差异。

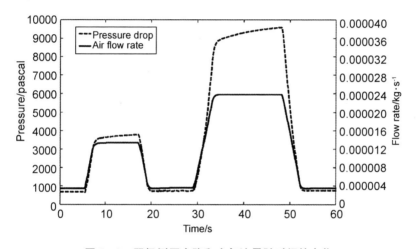

图 3-9　阴极侧压力降和空气流量随时间的变化

　　根据 3.2.3 介绍的空压机集总参数模型可知,空气流量的大小是由压降与背压之和 $P_{comp,out}$,以及电流共同决定的。电流增加会引起空气流量的增加;另外,电流的增加也会导致堆内压降的升高,进而引起空气流量进一步的增大。但是,由于空压机反应的滞后性,阴极侧催化层内可能会暂时性地出现氧气供应不足(图 3-10)。这也是导致电压在 $t=7.2\,s$ 和 $t=33.1\,s$ 出现"undershoot"的主要原因之一[115]。

　　此外,由图 3-9 可知,当时间从 $t=33\,s$ 变化到 $t=48\,s$ 时,压力降一直在增大,但是空气流量的变化不是很大。原因是空气流量主要随电流的升高而增大。在大电流时,电堆内生成更过的水(图 3-10,图 3-11),这会阻塞气体的传输,并导致压力降的升高。

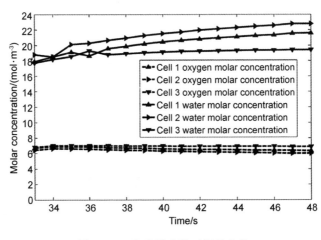

图 3-10 组分浓度随时间的变化

图 3-10 描述的是负载变化时阴极催化层内组分浓度的动态变化情况。氧气的浓度随时间的变化而降低,但是水的浓度随时间的变化而增大。这种现象可以从两方面解释:一方面,空压机反应的滞后性导致催化层内氧气供应不足;另一方面,当电流线性增加时,催化层内液态水的累积会堵塞氧气从流道通过扩散层向催化层的扩散。另由图可知,各单池组分浓度分布存在不一致性,其主要原因及造成的堆内单池电压分布的不均匀性会在下一章进行详细的讨论。

两相模型能够考虑水的相态变化并能模拟多孔介质被液态水堵塞,阻碍反应物传输的过程。图 3-11 是 #2 单池内阴极催化层和扩散层交界面处水的饱和度分布图。由图可知,随着时间的推移,水的饱和度逐渐增大,并且区域也在不断扩大。这也是在时间段 33~48 s 内,电堆输出电压不断下降的原因之一。水的饱和度最大值主要集中在拐角和流道下游区域,这是因为在拐角处液态水不易被吹扫;水的饱和度在下游区域最大是因为电堆内较快的反应速度和气体从上游带来的水向下游逐渐累积。但是,在流道的出口处,水的饱和度又有所减小。这是因为阳极和阴极采用的是气体对流方式,阳极侧入口处相对湿度较低,从而导致阴极部分水通过反扩

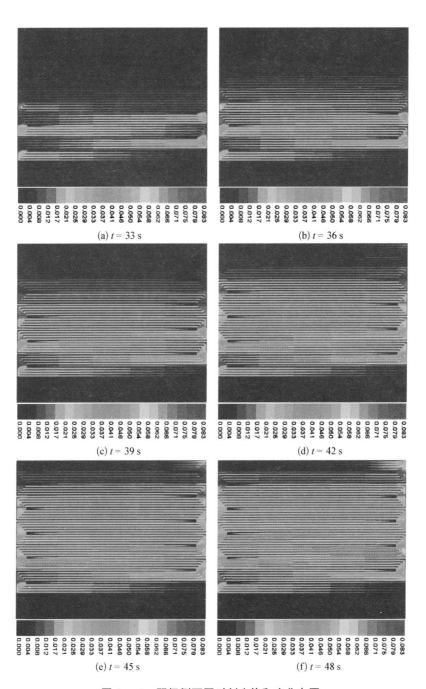

图 3‑11　阴极侧不同时刻水饱和度分布图

散作用至阳极。此外,由于在阴极出口处,氧气浓度降低导致化学反应强度降低,从而生成的水减小。

因此,输出电压的"undershoot"主要是由辅助单元的滞后和扩散层与催化层内液态水的累积造成的。这种解释是全面的,考虑了外部辅助单元和电堆内重要物理量空间分布的影响。

3.5 本章小结

本章建立了 PEMFC 动力系统的协同仿真平台,其中电堆采用了两相、非等温、分布参数模型模拟,同时辅助单元采用集总模型仿真。基于该协同仿真平台,我们可以利用辅助单元的集总参数模型提供的更接近实际运行时的边界条件和初始条件来研究电堆内重要物理量的动态分布。换言之,这种协同仿真方法弥补了分布参数模型和集总模型各自的缺点,并可以用来研究如下工作:

· 辅助单元和电堆的匹配性评估;

· 作为一种有效的故障诊断工具,例如,我们可以利用从协同仿真平台获得的极化曲线、压力降和电流分布图来进行电堆相关故障的研究[4];

· 研究辅助单元变化时,电堆内重要物理量(如温度,电流密度,氢气、氧气和水)的空间分布。该协同仿真平台可以分析辅助单元导致电堆性能下降的原因,从而为进一步优化电堆的操作条件提供参考。

因此,本章建立了可以优化 PEMFC 动力系统的"虚拟试验室"。作为仿真实例,基于该平台研究了动态加载时,从反应气体供应滞后和内部液态水累积两方面原因导致的电压 undershoot 现象。在后续工作中,我们会进一步地完善辅助单元和电堆的模型,例如:① 建立一种能够仿真电堆全区域、整个真实运行时间的模型是我们下一步的工作目标之一;② 辅助单元在负载动态变化时的动态特性也是需要研究的内容;③ 在更加全面,接近真实的模型基础上,研究精确的控制策略来降低电堆内液态水累积造成的过电位升高,从而提高电堆性能;④ 采用高效的数值计算方法,设计合理的试验步骤将模型的验证由定性扩展到定量。

第 **4** 章

质子交换膜燃料电池堆内电压
非一致性研究

电堆内单池电压分布不一致性对电堆热管理,系统性能,如耐久性、可靠性和输出电压等都有很大的影响。为了研究导致单池电压不一致分布的影响因素,本章建立了 PEMFC 的三维、非等温、考虑电化学和传输现象的数学模型,来模拟一个由 10 片单池组成,并考虑冷却液影响的电堆。基于该数学模型,仿真分析了以下影响:① 温度变化对堆内单池电压非一致性的影响;② 不同的热操作环境(如等温、绝热和热交换环境等)对电堆内单池电压非一致性的影响;③ 具有不同热交换系数的材料对堆内单池电压非一致性的影响;④ 某两片单池之间接触电阻由于某种原因增大,对堆内单池电压非一致性的影响。

4.1 引 言

在实际应用中,常将多个单池通过串联或并联连接以获得较高的输出电压或电流,从而得到期望的电堆高输出功率。但是,将多个单池连接组成电堆会导致一些不期望的现象发生,例如,单池之间气体分配、热量传输和散热的不一致性以及堆内液态水的累积等。这些现象都会进一步导致单池电压不均匀,并进一步导致电堆性能的下降和寿命的缩短。因此,研究这类现象并提出有针对性的优化方案是很有研究意义的。

到目前为止,在该问题上已经有相当多的研究工作。单池电压呈现的非一致性不但在试验和仿真中被发现,并且其影响因素和相应的改进措施也得到了广泛的研究。

单池电压的非一致性随温度而变化。Gao F. 等[116]发现堆内物理量空间(如单池电压、温度和气体压力等)分布的不一致性呈现出相同/反的趋势。Park Y. H. 等[117]指出由于膜干和过热,电堆内靠近中间位置的单池,其电压首先出现下降,尤其是在高电流密度下。但是,电压和其他变量之间的关系没有根据其获得的试验和仿真结果进行分析。Shan Y. 和 Park S. K. 等[118-120]采用其建立的 PEMFC 电堆模型研究了温度对电堆的性能影响,他们的结论主要如下:① 由于阴极侧产热以及耦合的端板效应,温度在电堆内分布是不均匀的,这会导致单池电压分布不一致;② 温度分布的不均匀性可以通过限制电堆两端单池的冷却液流量来平衡,从而得到较好的单池电压分布;③ 阴极侧空气流的温度分布是所有操作条件中对单池电压分布一致性的主要影响因素;④ 单池电压的非一致性随工作温度的提高而减弱。但是,气体分布对单池电压不一致性的影响没有在其模型中考虑。Park J. 等[121]指出当堆内反应气波动不大,即分布足够均匀时,温度效应是电压分布波动的主要影响因素。

单池电压非一致性的程度随电流密度的增大而显著。Lee H. I. 等[122]指出在电流或负载增加时,在电堆内较远的端头(远离电堆入口处)的单池电压出现陡降。这种现象归因于在高电流密度下有较快的产水速率,从而导致在气流较小的端头出现水淹,即"flooding"。然而,书中没有提出相应的改进措施。

堆内气体分布情况也会影响单池电压的不一致性。Cheng C. H. 等[123]基于其三维数学模型指出,当单池之间的气体分布均匀时,可以得到较好的单池电压一致性。但是,书中没有考虑温度分布及其对电压的影响。Park J. 等[121]指出提高堆内主气体管道的直径可以一定程度上提高气体分布的一致性。Hensel J. P. 等[124]通过微型系统控制技术展示了微型阀在提高气体均匀分配方面的优势。但是,将微型阀整合到一个微尺度的装置(单池)中依然是一个很大的挑战。

单池电压的非一致性也与电池组件制造时固有的制造公差有关。Ahna S. Y. 等[125]认为单池之间的电压偏差可能与电极制备、电堆组装或操作等问题有关。

气体相对湿度也是影响电压一致性的一个重要因素。Scholta J. 等[126]将单池电压随其编号小幅增加的趋势归因于前面的单池内阻较大,并认为这可能与堆内单池相对湿度的不一致性有关。Yang T. 等[127]认为上游氢气可能会将一些水分传递给后面的单池,这会增湿后面单池中的质子交换膜,并进一步影响其质子电阻。Kin S. 等[128]指出在当阴极湿度较高时,对应的单池电压一致性也较好。但是,上述结论需要根据电池电压的非一致性和内部变量的分布进行验证。

此外,还有其他一些影响单池电压一致性分布的因素。Hu M. G. 等[129]指出电池电压随 U 型主管道下降是由于压力降引起的。Park S. K. 等[120]基于其集总参数模型进行的参数敏感性分析表明:质子交换膜的质子传导率是导致电压波动的最重要的影响因素。Corbo P. 等[130]发现当加载斜率从 150 W/s 变为 1 500 W/s时,单池电压非一致性的程度加剧。Mocoteguy P. 等[131]提出:① 电压分布的非一致性随着电池的老化进程而变得严重;② 单池电压的均匀性受 CO_2 的影响较小,但是受到 CO 的严重影响。Squadrito G 等[132]指出增加空气流量可以促进单池性能的一致性。

通过以上综述可知:① 基于试验的研究[117, 122, 123]主要侧重于单池电压非一致的现象而较少分析其本质原因;② 基于集总或分布参数模型的仿真研究[118-120]没能全面考虑影响电堆电压一致性的因素。

因此,本章建立了一个关于 PEMFC 电堆的三维数学模型来研究与电压非一致性相关的因素。该模型全面地考虑了电堆内传质传热、电化学反应、冷却液流量等因素。基于该模型,分析了以下影响:① 堆内温度分布对电堆电压分布的影响;② 不同的热操作环境对电堆电压分布的影响;③ 采用不同热导率的材料对电堆电压的影响;④ 由于组装或性能退化等导致的接触电阻增大引起的电压分布异常;等等。

4.2　数　学　模　型

4.2.1　模型假设和仿真区域

本章的三维电堆模型基于以下的模型假设:

- 反应气体为理想气体;
- 扩散层、催化层、质子交换膜为各向同性的介质;
- 水仅以气相形式存在于电堆内;
- 堆内单池在物理结构、尺寸和部件组成方面无差别。

在以上模型假设的基础上,一个由 10 片单池组成,并考虑冷却流道的电堆模型被创建。电堆的仿真区域和几何结构如图 4 - 1(a)所示,其中,①、②和③分别表示阳极入口、冷却液入口和阴极入口;④、⑤和⑥分别表示阳极出口、冷却液出口和阴极出口。为方便起见,10 片单池从右至左依次命名为♯1、♯2、…、♯9、♯10。

4.2.2　守恒方程和边界条件

本节涉及的守恒定律为质量守恒、动量守恒、组分守恒、能量守恒、质子守恒和电子守恒等,对应的守恒方程分别为式(2 - 2)、式(2 - 3)、式(2 - 5)—式(2 - 8)等。需要指出的是,本章只求解稳态下的反应,即上述守恒方程的瞬态项不予考虑;此外,组分守恒方程(2 - 5)除包含反应组分氢气、氧气和水蒸气外,还包含冷却液,这是目前为其他公开发表文献中没有涉及的。

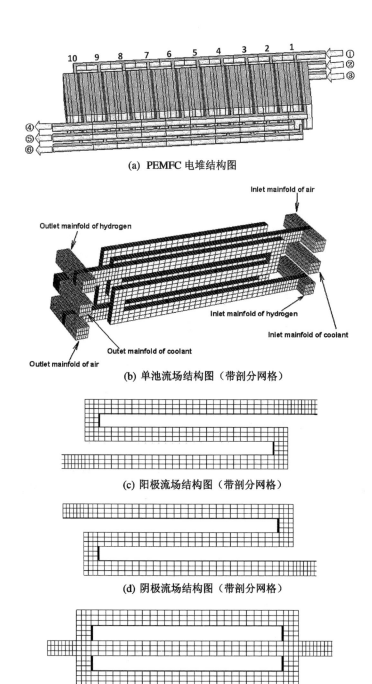

(a) PEMFC 电堆结构图

(b) 单池流场结构图（带剖分网格）

(c) 阳极流场结构图（带剖分网格）

(d) 阴极流场结构图（带剖分网格）

(e) 冷却流道结构图（带剖分网格）

图 4-1　电堆几何结构及单池详细流场结构图

边界条件

上述微分方程组包含 $\vec{u}$，P，T，Y_i，ϕ_{H^+} 和 ϕ_{e^-} 等变量，相应的边界条件设置分述如下。

流道入口处

阳极和阴极入口处的速度可以表达为过量系数 ξ_{a} 和 ξ_{c}，及参考电流 I_{ref} 的函数：

$$u_{\mathrm{in, a}} = \frac{N_{\mathrm{cell}} I_{\mathrm{ref}} M_{\mathrm{H}_2} \xi_{\mathrm{a}}}{2F\rho_{\mathrm{a}} A_{\mathrm{in, a}} Y_{\mathrm{H}_2}} \quad \mathrm{and} \quad u_{\mathrm{in, c}} = \frac{N_{\mathrm{cell}} I_{\mathrm{ref}} M_{\mathrm{O}_2} \xi_{\mathrm{c}}}{4F\rho_{\mathrm{c}} A_{\mathrm{in, c}} Y_{\mathrm{O}_2}} \qquad (4-1)$$

由于本章求解的是包含 10 片单池的电堆，故需在式（2-1）单片入口速度基础上乘以片数 N_{cell}。入口处水的摩尔分数 $x_{\mathrm{H}_2\mathrm{O}}$，可以由入口处的压力和相对湿度求得：

$$RH = \frac{x_{\mathrm{H}_2\mathrm{O}} P}{P_{\mathrm{sat}}(T)} \qquad (4-2)$$

式中，RH 是相对湿度，P 是总压力，$P_{\mathrm{sat}}(T)$ 是水蒸气在温度 T 时的饱和压力，可由公式（1-44）计算得到。根据式（4-2）及质量分数和摩尔分数之间的关系式（3-7）可以求出每种组分的质量分数。因此，只要我们指定入口处的压力 P，温度 T，相对湿度 RH，过量系数 ξ，则可以求得入口处质量分数 Y_i 和速度 u_{in}。

流道出口处

采用充分发展或零通量边界条件：

$$\frac{\partial \vec{u}}{\partial n} = 0, \quad \frac{\partial P}{\partial n} = 0, \quad \frac{\partial T}{\partial n} = 0, \quad \frac{\partial Y_i}{\partial n} = 0, \quad \frac{\partial \phi_{\mathrm{H}^+}}{\partial n} = 0, \quad \frac{\partial \phi_{\mathrm{e}^-}}{\partial n} = 0$$

$$(4-3)$$

固体边界

对变量 $\vec{u}$，p，Y_i，ϕ_m 采用无滑移或零通量边界条件：

$$\vec{u} = 0, \ \frac{\partial p}{\partial n} = 0, \ \frac{\partial Y_i}{\partial n} = 0, \ \frac{\partial \phi_m}{\partial n} = 0 \qquad (4-4)$$

电子电势 ϕ_{e^-} 在电堆外接面上的边界条件为

$$\begin{cases} \phi_{e^-} = 0, & \#1 \text{ 单池阳极外接面} \\ \phi_{e^-} = V_{\text{stack}}, & \#10 \text{ 单池阴极外接面} \\ \partial \phi_{e^-}/\partial n = 0, & \text{其余电堆外接面} \end{cases} \qquad (4-5)$$

为了研究不同的温度环境条件对电堆电压的影响,根据不同的情况,在后文分别列出每种情况下对应的温度边界。

4.2.3　数值计算方法

守恒方程式(2-2)、式(2-3)、式(2-5)—式(2-8)等,及其对应的边界条件采用一阶迎风的有限体积法离散,整个计算的实现是采用商业化的流体力学软件包 Fluent(版本 6.3.26)。流场计算采用 SIMPLE 算法,源项和物性参数是基于 Fluent 的自定义函数功能实现,组分和电荷传输方程采用 Fluent 提供的自定义标量方程功能实现。为了保证计算的收敛性,共采用了 487 326 个计算单元。计算的收敛性除考察离散方程的残差($<10^{-5}$)外,还要求质量守恒误差(具体方法见 2.3 节)满足一定的条件。在后文的计算中,所有组分方程的质量守恒误差小于 1%。方程求解对应的电堆几何参数和其他物性参数见表 4-1。

表 4-1　结构尺寸和操作参数

名　　称	数　　值
流道深度	2.0 mm
流道和集电勒条宽度	2.0 mm
扩散层厚度	0.3 mm
催化层厚度	0.01 mm

续　　表

名　　称	数　　值
扩散层/催化层孔隙率	0.8/0.6
膜热传导率	0.95 W/(m·K)
催化层/扩散层热传导率	3 W/(m·K)
双极板热传导率	20 W/(m·K)
扩散层/催化层渗透率	10^{-12} m²
扩散层/催化层电导率	5 000/(Ω·m)
集流板电导率	10^{6}/(Ω·m)
阳极/阴极入口压力	1.0/1.0 atm；2.0/2.0 atm
过量系数,ξ_a/ξ_c	3.0/3.0
气体入口温度,T_0	353 K
冷却液入口温度	333 K
两侧入口相对湿度	40%/40%；80%/80%
单池片数	10
开路电压,V_{oc}	9.5 V
电堆输出电压,V_{stack}	8 V/6.5 V

4.3　数值结果分析

4.3.1　温度对堆内单池电压分布的影响

为了讨论堆内温度分布对电池电压一致性的影响,本小节采用的温度边界条件为

$$\begin{cases} T = T_0 & {}^{\#}1\text{ 单池阳极外接面} \\ T = T_0 & {}^{\#}10\text{ 单池阴极外接面} \\ \dfrac{\partial T}{\partial n} = 0 & \text{其余电堆外接面} \end{cases} \tag{4-6}$$

在 4.2.2 节和此处温度边界条件下,采用 4.2.3 节中的计算方法,可以通过计算 4.2 节中的数学模型得到如下结果。

图 4-2 所示是电堆内每片单池的输出电压,可知 10 片单池的输出电压是不一样的。${}^{\#}2$ 单池的电压最高,0.621 8 V,接下来电压较高的是单池 ${}^{\#}1$ ${}^{\#}3$ 和 ${}^{\#}10$,它们的电压都高于 0.6 V。需要注意的是,电压最低的是 ${}^{\#}6$ 单池,电压为 0.586 5 V,其次是 ${}^{\#}7$ ${}^{\#}5$ ${}^{\#}8$ ${}^{\#}4$ 和 ${}^{\#}9$,它们的电压都低于 0.6 V。即电压最低的单池出现在电堆的中间,而电压最高的单池位于电堆的两端。为了研究影响电压分布一致性的原因,图 4-2 给出了每片单池阴极侧的活化过电位和质子交换膜上的欧姆电阻,它们是引起输出电压下降的两个主要过电位。

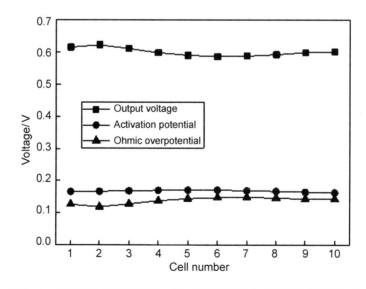

图 4-2 堆内每片单池的输出电压、阴极活化过电位和膜上的欧姆电阻

由于各片单池采用串联结构,故各片单池有相同的输出电流。由活化过电位计算公式(1-34)或式(1-35),我们推断阴极侧活化过电位的不一致性主要由温度的不均匀分布引起。由图 4-2 可知,单池 ♯6 和 ♯5 的活化过电位最高,分别为 0.171 2 V 和 0.170 8 V,而单池 ♯10 和 ♯9 活化过电位最低,分别为 0.163 0 V 和 0.164 6 V。最高与最低的活化过电位之差为 0.008 2 V。但是,与电堆中单池最高最低电压之差,0.035 3 V 相比,活化过电位的差别是很小的。

另一方面,在图 4-2 中,欧姆过电位最高的单池是 ♯7 和 2,其值分别为 0.148 6 V 和 0.119 2 V。需要指出的是最高与最低欧姆过电位之差为 0.029 5 V,这占了输出电压之差的 83.5%。因此,在低相对湿度的情况下(此处阴阳两极采用的入口湿度都为 40%),欧姆过电位是导致堆内单池电压非一致性的主要影响因素。质子交换膜上的欧姆过电位可以表示为

$$\Delta V = I\left(\frac{\delta_{\mathrm{m}}}{\sigma_{\mathrm{m}} A_{\mathrm{m}}}\right) \qquad (4-7)$$

式中,I 为电流,δ_{m} 和 A_{m} 分别是质子交换膜的厚度和反应面积,σ_{m} 是质子传导率,表达式见式(1-41)。

由式(4-7)可知,在电流和质子交换膜尺寸固定时,欧姆电阻与质子传导率存在反比例的关系。而质子传导率又是关于膜的水含量及温度的函数;将式(1-42)—式(1-44)代入式(1-41)可知,在本质上,质子传导率是关于相对湿度和温度的函数。因此,有必要进一步研究堆内温度分布及与其相关的物理量。

图 4-3 给出了每片单池质子交换膜与流道内的温度分布。可见堆内这两个区域的温度分布呈现出相同的分布趋势,其中温度最高的地方分别位于 ♯6 和 ♯5。电池内进行的电化学反应是放热的,并且通过活化极化和欧姆极化也生成相当多的热量,这使得堆内 MEA 层的温度会升高。另外,

堆内中间位置的单池与两端的单池相比,产生的热量更不容易排出,这最终导致了温度分布出现图4-3所示的情况。在此基础上,下文将讨论受温度影响的重要物理量(如阴阳两极的相对湿度和质子传导率)的分布情况。

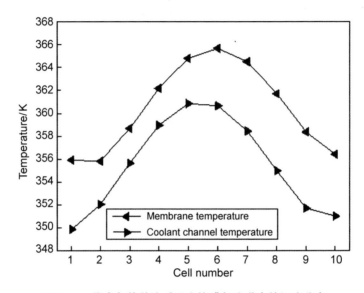

图4-3 堆内每片单池质子交换膜与流道内的温度分布

图4-4描述的是每片单池阴阳两极催化层内的相对湿度和膜内质子传导率分布。有趣的是,每片单池两侧的相对湿度分布几乎相同,并且都与图4-3中所示对应的温度分布相反。由于每片单池的输出电流相同,故它们的产水量也应大致相同。因此,由式(1-43)可知,在同样的入口压力下,相对湿度依赖于温度的变化。根据式(1-41),可以推断质子传导率的分布应该与温度分布相反,图4-4也证实了这一结论。由上可知,温度分布对堆内重要物理量都有很强的影响作用,故在下文继续研究影响堆内温度分布的主要因素并尝试找到相应的优化方法。

图4-5所示是堆内每片单池冷却流道内冷却液的质量流量分布,可见流道内冷却液的分布呈现出抛物线形,这与图4-3中所示的温度分布相反。此外,图中也给出了氢气和空气流量的分布,它们的分布也呈现出了

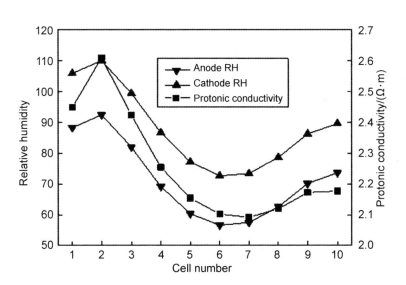

图 4-4　堆内每片单池阴阳两极催化层内相对
湿度和质子交换膜的质子传导率分布

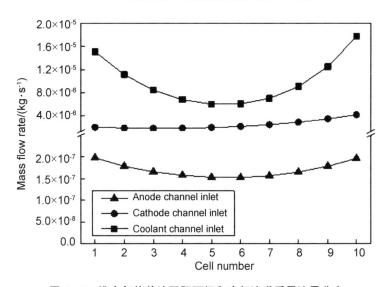

图 4-5　堆内每片单池阴阳两极和冷却流道质量流量分布

不一致性,但其对电压非一致性的影响本书暂不做分析。由于每片单池冷却液流量的不同导致不均匀的温度分布,并进一步影响单池电压的一致性。因此,研究不同的冷却液入堆流量对电堆影响是有重要意义的。

下面选择 5 种不同的冷却液入堆流量来研究其对电堆性能和单池电压非一致性的影响。相关的操作条件和对应的输出电流和电压的波动情况见表 4-2。由表可知,输出电流随着冷却液流量的增加而升高。这是因为冷却液流量的增加可以使堆内产生的热量被及时地排出,从而使得堆内质子交换膜能够保持较好的水合性,提高质子传导率并降低欧姆过电位(实际情况下,电流密度不可能随着冷却液流量一直增大,因为电流密度的增大,会生成较多的液态水,使电堆内发生水淹,进而降低电堆性能)。但是,由式(1-34)或式(1-35)可知,电流的增大会导致活化过电位的升高。另外,在 benchmark 以上或以下,单池电压的方差也随着冷却液流量的增加或减小而变大,即电压的非一致性变的更严重,这说明单池内的温度波动情况随冷却液流量的增加或减小而变大,冷却液的流量需要控制在合理的范围内。

表 4-2　不同情况下的计算结果比较

Case	质量流量[1]	电流密度[2]	电压方差[3]
1	1.0×10^{-3}	1.048	1.553×10^{-3}
2	5.0×10^{-4}	1.003	9.113×10^{-4}
benchmark[4]	1.0×10^{-4}	0.621 9	1.444×10^{-4}
3	5.0×10^{-5}	0.539 1	3.044×10^{-4}
4	1.0×10^{-5}	0.376 7	3.237×10^{-3}

1. 冷却液从图 4-1(a)中②入堆的总质量流量(kg/s);2. 在恒电压 6 V 条件下的输出电流密度(A/cm^2);3. 在恒电压 6 V 条件下,堆内单池电压的波动方差;4. 结果是基于表 4-1 中数据计算得到的。

图 4-6 给出了在不同冷却液流量下的堆内单池电压分布,可见在不同情况下单池电压分布都存在不均匀性,但却又有所不同。在 Case 1 和 Case 2 情况下,从#2 直到#9,单池电压一直在升高,这与对应的活化过电位的分布情况相反(图 4-7),但与欧姆过电位的分布相同(图 4-8)。原因是在

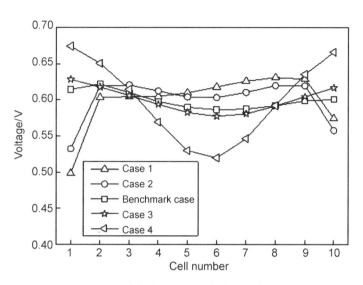

图 4-6　不同冷却液流量下堆内单池输出电压分布

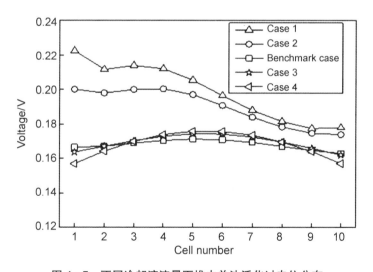

图 4-7　不同冷却液流量下堆内单池活化过电位分布

Case 1 和 Case 2 情况下,堆内产生的热量能够被冷却液及时地带走。然而,在 Case 3 和 Case 4 情况下,由于较差的散热能力,质子交换膜干导致欧姆过电位增大,并引起了单池输出电压的分布与活化过电位和欧姆过电位的分布呈现相反的趋势。

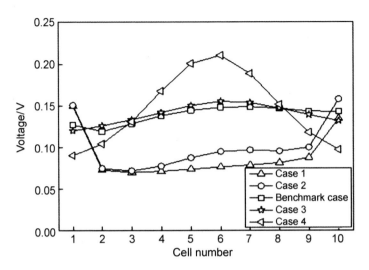

图 4-8　不同冷却液流量下堆内单池欧姆过电位分布

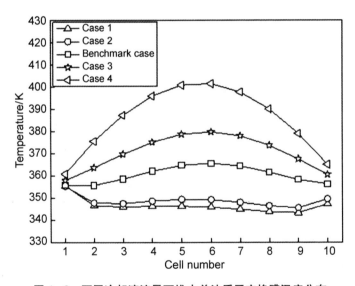

图 4-9　不同冷却液流量下堆内单池质子交换膜温度分布

　　图 4-9 和图 4-10 分别是不同流量下堆内单池质子交换膜和冷却流道内的温度分布,可见二者的变化趋势是一样的。由图 4-9 可知,在 Case 4 情况下,单池质子交换膜内的温度超过了 400 K,这不但会引起堆内单池电压的不一致性,更会损害电堆。当然,Case 3 和 Case 4 是极端的

情况,在实际中可能不会发生,但是冷却系统温度对电堆电压不一致性的影响必须加以注意。

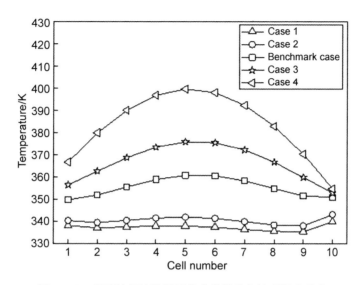

图 4-10　不同冷却液流量下堆内单池冷却流道温度分布

　　图 4-11 给出了上述不同冷却液流量下,各单池冷却液流量分布,可见各单池内的冷却液流量随入堆总流量的变化而改变。在中等或较小的入堆冷却液流量下(对应 Case benchmark、Case 3、Case 4),冷却液的流量分布呈现抛物形;然而,在大流量时,其分布却近似为沿主流道方向增加(对应 Case 1、Case 2)。通过将冷却液分布与温度、电压等分布比较可知,其分布与后者正好相反。然而,较大的冷却液流量会导致温度和电压波动情况较大。因此,应该根据能量守恒和堆内单池布局,将冷却液流量控制在合理的范围内。

　　本小节基于建立的 PEMFC 电堆数学模型,仿真分析了堆内单池电压的分布不一致性。通过分析引起电压下降的主要过电位,活化过电位和欧姆过电位的分布趋势和其主要的影响因素,发现在电堆恒电压工作时,由于堆内单池散热不均,堆内的温度分布对单池电压的分布有重要影响。此

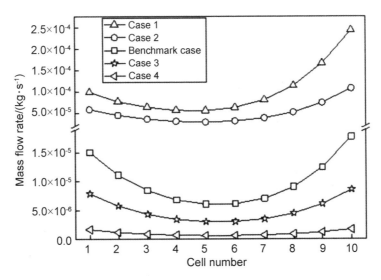

图 4-11 不同冷却液流量下堆内单池冷却液流量分布

外,还模拟了不同冷却液流量对电堆电压一致性的影响,研究表明,良好的散热情况可以提升电堆的输出功率。但是,过高或过低的冷却液流量都会导致单池电压非一致性加剧。

4.3.2 热操作环境对堆内单池电压分布的影响

基于 4.2 节的数学模型,本节指定如下边界条件来研究电堆在不同热操作环境下(包括等温环境、绝热环境和热交换环境等)的性能。

$$
\begin{cases}
T_0 = 常数, & 等温环境 \\
\dfrac{\partial T}{\partial n} = 0, & 绝热环境 \\
k\,\dfrac{\partial T}{\partial n} = \alpha(T - T_{amb}), & 热交换环境
\end{cases}
\tag{4-8}
$$

式中,常数取值为 353 K;k 为热传导系数,此处取值为 220 W/(m·K);α 为热交换系数,此处取值为 25 W/(m²·K);T_{amb} 为环境温度,此处取值为 294 K(即 21℃)。

　　图 4-12 给出的分别是三种不同热操作环境下的单池电压和温度分布的对比,其中 Case 1、Case 2、Case 3 分别对应等温环境、绝热环境和热交换环境。由图可知,电压分布趋势基本上与温度分布趋势相反。由 4.3.1 节的分析可知,堆内温度的升高可以导致膜内水含量和质子传导率的下降,进而引起欧姆过电位的增加。在堆内单池串联的情况下,每片单池的电流相等,故欧姆过电位的增加必将导致对应的单池输出电压降低。此外,我们也可以发现三种热操作环境下的电压和温度分布也不相同。在热交换情况下,由于两端的单池#1 和#10 可以通过冷却液和边界与外部环境热交换将单池内的热量及时散出。但是,在等温和绝热环境下,两端的单池不可能直接与外界环境进行热交换,而只能通过冷却液将热量排出。与 Case 3 情况下较小波动的温度分布对应,通过提升两端电压,堆内单池电压分布的非一致性得到改善。然而,与 Case 1 和 Case 2 的结果相比,Case 3 情况下内部单池(从单池#4 到单池#8)电压较低。这是因为在电堆恒电压操作模式下,两端单池电压的提高必然以电堆内部单池电压的下降为代价。但是,在 Case 3 情况下,电堆的输出功率密度达到最高,并且非一致波动的标准差最小(图 4-13(a))。

　　图 4-13 给出了在电压分别为 8 V 和 6.5 V 时采用不同的热操作环境得到的电堆功率密度对比和单池电压标准差对比,可见在两种工况下,功率密度的最大值都是在 Case 3 下获得,这与其温度比在 Case 1 和 Case 2 情况下的较低对应。该现象可以解释为:输出电压恒定时,在较低的温度下,膜内的水含量和质子传导率增加,故膜内欧姆过电位会降低并且活化过电位也会升高。由式(1-30)可知,活化过电位的升高会使得电流密度增大,故电堆的输出功率密度随之升高。然而,当输出电压从 8 V 变为 6.5 V 时,堆内单池电压的标准差在 Case 3 情况下是最大的。这是因为此时堆内产生的热量更多,堆内两端的单池可以通过热交换释放部分热量,但是堆内单池产生的热量不易散出,故堆内的温度波动最大,这直接导致了单池电压的较大的标准差。需要指出的是,在实际的电堆操作条件下,当堆内

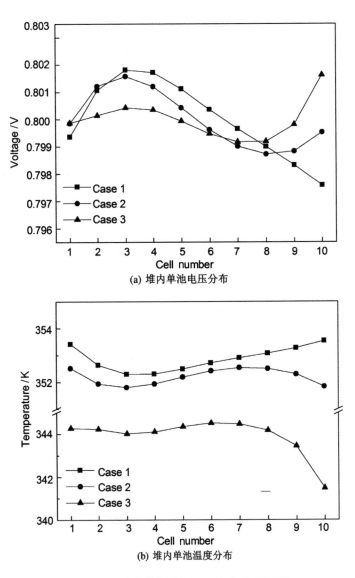

(a) 堆内单池电压分布

(b) 堆内单池温度分布

图 4 - 12　在电堆恒电压 8 V 输出时,不同热
操作环境下堆内电压和温度分布

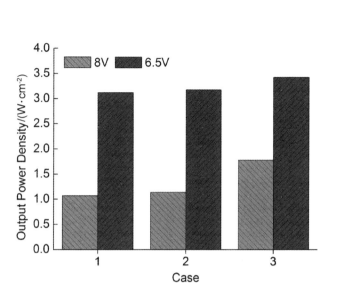

(a) 电堆输出功率密度比较

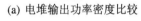

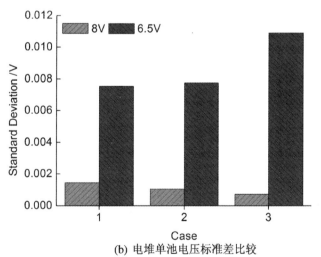

(b) 电堆单池电压标准差比较

图 4‑13　电堆输出功率密度和单池电压标准差比较

有液态水累积时,温度的适当升高可以一定程度上减轻水淹程度,从而提高电堆的输出性能。

由上可知,我们可以推断出堆内单池电压的非一致性受冷却流量和热操作环境的影响。在热交换环境下,单池电压的非一致性可以得到改善,并且电堆的输出功率密度也随之提高。这种操作环境与等温和绝热环境相比,也更接近于实际情况。在下节,我们研究在热交换环境下,采用不同导热材料对电压分布的影响。

4.3.3　不同导热材料对堆内单池电压分布的影响

在实际情况中,集流板可用多种介质构成,如石墨、金属和复合材料等。由于不同的材料具有不同的热交换系数、热传导率和电子传导率,故它们对电堆的影响也各不相同。图4-14给出了采用5种具有不同热交换系数(分别为5 W/(m² · K) 15 W/(m² · K) 25 W/(m² · K) 35 W/(m² · K)和50 W/(m² · K),对应的分别为图中的 Case 1、Case 2、Case 3、Case 4 和 Case 5。)材料时电堆内电压和温度分布。可见,当热交换系数由 5 W/(m² · K)变为50 W/(m² · K)时,堆内的温度呈下降趋势。这是因为热交换系数的增加,可以使得更多的热量被散出电堆。在 Case 1 和 Case 2 情况下,堆内单池电压分布和对应的温度分布相反。但是,在 Case 3、Case 4 和 Case 5 情况下,堆内单池电压分布的差异性不是很大。这是因为热交换系数在此范围内,堆内电压受端板效应和热交换系数的影响不是很明显。

如图4-16所示,电堆的输出功率密度从 Case 1 到 Case 3 一直是增加的,对应的电压标准差从 Case 1 到 Case 3 是减小的。但是,从 Case 3 到 Case 5,电堆的输出功率密度和电压的波动情况都较小。由此可知,在一定的材料范围内,可以根据输出功率、电堆性能和材料耗费情况选择较优的材料,做出最优方案。如4.1节所述,影响电堆电压一致性的因素有很多,本小节的目的是说明我们在实际工程当中,需要考虑不同材料对电堆性能的影响。

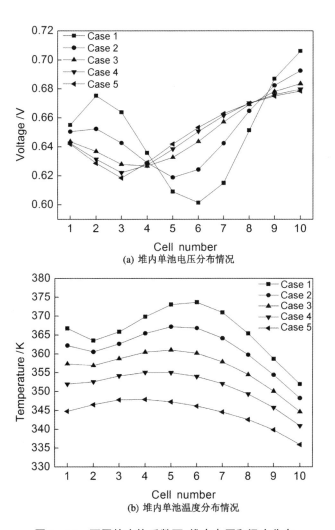

(a) 堆内单池电压分布情况

(b) 堆内单池温度分布情况

图 4‑14　不同热交换系数下,堆内电压和温度分布

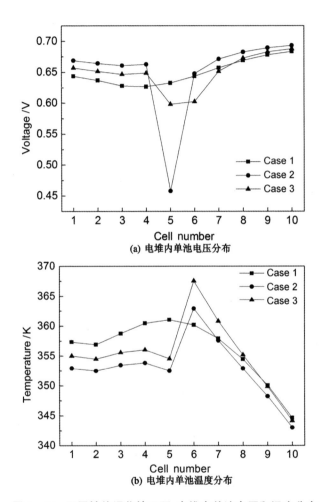

(a) 电堆内单池电压分布

(b) 电堆内单池温度分布

图 4‑15　不同性能退化情况下，电堆内单池电压和温度分布

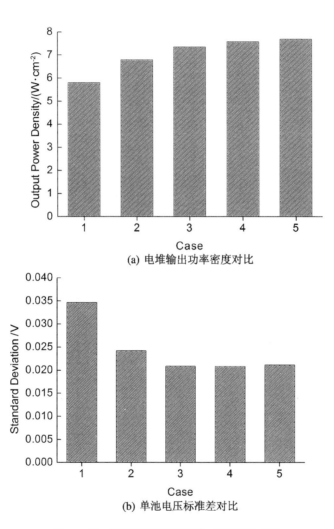

(a) 电堆输出功率密度对比

(b) 单池电压标准差对比

图 4-16　不同热交换系数下,电堆输出功率
密度对比和单池电压标准差对比

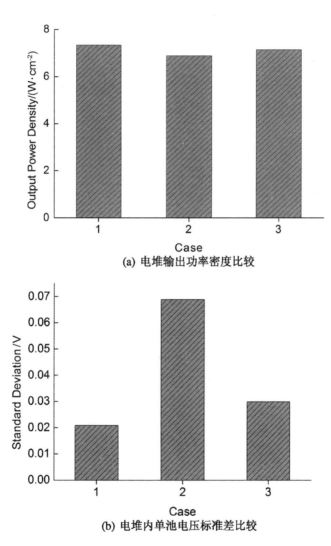

(a) 电堆输出功率密度比较

(b) 电堆内单池电压标准差比较

图 4‑17　电堆输出功率密度比较和单池电压标准差比较

4.3.4 接触电阻增大对堆内单池电压分布的影响

由于电堆封装公差和电堆长时间的运行,堆内某些单池的性能可能会出现衰退。本小节尝试模拟堆内接触电阻增大情况下电堆的一些性能特征。为此,我们假设 Case 1 是正常情况并作为 benchmark(采用热交换系数为 25 W/(m² · K)的情况),Case 2 假设接触电阻发生在单池♯5 和♯6 交界面上,Case 3 假设接触电阻发生在单池♯5 阴极扩散层和集流板的交界面上。

由图 4-15 可知,在 Case 2 情况下,单池♯5 随着接触电阻的增大,其电压出现了急剧的下降。原因是在同样的电流下,接触电阻的增大会导致欧姆过电位升高,进而引起单池输出电压的降低。此外,由于采用的电堆恒电压输出,单池♯5 电压的下降会引起其他单池输出电压的升高。在 Case 3 情况下,单池♯5 电压的下降情况比在 Case 2 时有所缓和,这是因为本书假设不同情况下的接触电阻率相等,扩散层和集流板较小的接触面积引起的欧姆过电位也较小。需要指出的是,在上述情况下,对应位置处的温度都有很大的升高,这可以作为检测电堆故障的一种信号。

图 4-17 给出了在上述三种情况下的电堆输出功率密度对比和电压标准差的对比。在恒定电压输出时,欧姆过电位的增加会导致活化过电位的降低,进而导致输出电流密度的下降。因此,电堆的整个输出功率也随之下降。

4.4 本 章 小 结

首先,本章建立了考虑冷却液影响的三维、非等温电堆模型,并基于模型首先从机理上考察了温度对单池电压非一致性的影响;其次,考察了不同的热操作环境、导热材料对电堆单池电压均匀性和输出功率的影响；最后，作为一种尝试，模拟了堆内接触电阻增大时，电堆电压和温度分布情况。以上基于机理的研究工作，为实际工程中燃料电池的安全操作和故障诊断等提供了一定的参考价值。

第5章
质子交换膜燃料电池阳极"purge"现象研究

本章首先通过试验研究了一款自呼吸 PEMFC 阳极端 purge 操作对电堆性能的影响,并通过排水法测量了采用 purge 操作时,不同工况下氢气的利用率。然后基于相关的试验,建立了用于研究阳极 purge 现象的数学模型,其仿真结果与试验数据能够吻合。该模型对下一阶段的阳极 purge 策略控制研究有一定的参考意义。

5.1 引　言

如前所述,目前耐久性差和价格高仍然是 PEMFC 商业化的主要障碍。有一些耦合的问题和这两个因素有很大的联系。例如,当 PEMFC 的阳极采用 dead-end 操作时,如何控制电磁阀的开启关闭频率来获得高的燃料利用率和稳定的电池性能;较短的电磁阀关闭时长会使得燃料的利用率下降;电磁阀频繁开启产生的压力波动会通过气体以机械振动的形式传递发给质子交换膜,造成膜电极的损害[133];另外,氢气属于易燃易爆气体,按照国家标准,其排放浓度不能超过爆炸极限:4%~74.2%的体积浓度。但较长的电磁阀关闭时长也会造成另外一些不期望的现象发生,如阳极端液态水累积导致的"水淹"会使得燃料电池性能严重下降；杂质气体在阳极端的累积也会造成电池性能衰退。

Himanen O 等[134]指出阳极侧的水淹程度可以通过提高阳极气体压力得到一定程度的缓解。Corbo P. 等[135]通过试验研究发现，当阳极开始 purge 操作时，一些发生水淹的单池，其电压会有略微的提升，与之对应的是氢气压力的短暂下降。Bussayajarn N. 等[136]比较了采用不同的阴极流场结构时，purge 对电堆性能的影响，他们发现在不同流场结构下，电堆都达到了同样的电流密度水平，电池的性能差别很难区分，原因是电池的性能受液态水累积程度影响较大。Fabian T. 等[137]指出电堆需要采用 purge 操作排出堆内过多的水分、氢气中混杂的惰性气体，以及从阴极渗透而来的氮气；氮气在阳极的累积会降低氢气的分压，进而导致电堆性能的下降。Carlson E. J. 等[138]指出当电磁阀开启时长所占比例小于 0.6% 时，氮气浓度在阳极的累积会导致电池电压的下降，进而引起较低的电池效率。另一方面，当电磁阀开启时长所占比例过高时，一大部分新鲜的未反应氢气被排出电堆，也会造成系统效率的下降。此外，他们也指出为了避免阳极水淹，较薄的质子交换膜（$<50~\mu m$）需要较高的电磁阀开启频率。Xiao Y. 等[139]对比了间歇式（intermittent）和环形（annular）两种 purge 操作模式对电堆性能的影响，其结论是间歇式 purge 对电堆性能的影响较大，不适合应用于固定场合；环形 purge 需要较高的压力降，其临界压力降可以通过相关数学模型计算得到；环形 purge 更适合于排出阳极侧的液态水。

根据 purge 问题的上述研究情况，本章拟首先通过试验研究 purge 在不同工况下对电堆性能的影响，并分析对应的氢气利用效率；其次，基于获得的试验数据，建立能够反映电堆内部反应机理的数学模型，并通过仿真重现 purge 对电堆性能的影响，为下一阶段的控制研究工作奠定基础。

5.2　质子交换膜燃料电池阳极 purge 的试验研究

通过试验方法获得 PEMFC 的相关特性,是后续建立 purge 数学模型及仿真计算的基础。为此,本节利用 3.3.2 节和 3.3.2 节介绍的试验平台和步骤进行了 purge 操作对氢气利用率和电堆电压影响两个方面的试验研究。

氢气利用率

需要指出的是,为了保证试验的稳定性和科学性,本章在不同负载下得到的氢气尾排量是通过试验 5 次后取平均得到的。例如,当环境温度为 277 K,外部电流为 10 A 时,收集尾气的试管水含量由 500 mL 变为250 mL。根据理想气体状态方程,每次 purge 开启排出的氢气摩尔量为

$$n_{out} = \frac{p_{sur} V}{R T_{sur}} = \frac{101\,325 \times 0.05 \times 10^{-3}}{8.31 \times 277}$$
$$= 0.002\,2\ mol \qquad\qquad (5-1)$$

由于电堆含有 72 片单池,在一个 purge 周期内(电磁阀开启时长 0.15 s,关闭时长 11 s)消耗的氢气量为

$$n_{cons} = \frac{N_{cell} \times I \times \Delta t =}{2F} = \frac{72 \times 10 \times 11.15}{2 \times 96\,485}$$
$$= 0.041\,6\ mol \qquad\qquad (5-2)$$

因此,氢气的利用率为

$$\eta = \frac{n_{\text{cons}}}{n_{\text{out}} + n_{\text{cons}}} = \frac{0.041\,6}{0.002\,2 + 0.041} = 94.98\% \qquad (5-3)$$

根据以上的计算方法,我们在图 5-1 中比较了不同电流下的氢气利用率。由图可知,随着电流的增大,每次电磁阀开启时排放出的氢气量减少,但是电堆消耗的氢气量增加。因此,氢气的利用率也随之提高。以下研究影响电磁阀开启时,影响排氢量大小的因素。

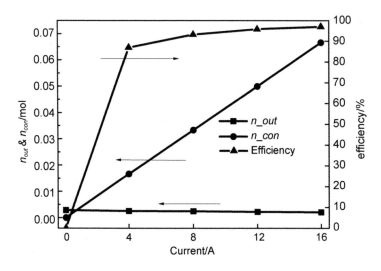

图 5-1　不同电流下,氢气利用率比较(对应的操作条件:环境温度 4℃、环境湿度 46%、风扇转速 55 r/s)

每次电磁阀开启时,排出的氢气量依赖于阀门的特性以及阀门两侧的压力差,其计算公式为[133, 140]

$$Q = 514 K_{\text{v}} \sqrt{\frac{\Delta p_1 \cdot p_{\text{sur}}}{\rho_{\text{air}} SG_{\text{m}}\, T}} \qquad (5-4)$$

式中,K_{v} 是阀门的流量系数,m^3/h;p_{sur} 是环境压力,Pa;ρ_{air} 是空气密度,kg/m^3;T 是流体温度,K;SG_{m} 是混合物比重,计算公式为

$$SG_{\text{m}} = \frac{p_{\text{H}_2}}{p} SG_{\text{H}_2} + \frac{p_{\text{v}}}{p} SG_{\text{v}} \qquad (5-5)$$

假设阀门的流量系数和流体温度为常值,可以推导出氢气的流速随着阳极侧水蒸气浓度的升高而下降,但随着压力差的增加而提高。压力差 Δp_1 的计算公式为

$$\Delta p_1 = p_{out} - p_{sur} \tag{5-6}$$

式中,p_{out} 是阳极出口处的压力,定义为

$$p_{out} = p_{in} - \Delta p_2 \tag{5-7}$$

式中,Δp_2 是阳极侧流道内的压力降,计算公式为[71]

$$\Delta p_2 = f \frac{l}{D} \frac{1}{2} \rho \bar{V}^2 \tag{5-8}$$

l 是长度,D 是管道水力直径,f 是摩擦系数,定义为

$$f = \begin{cases} \dfrac{64}{Re} & 层流 \\ f\left(Re, \dfrac{\Delta}{D}\right) & 湍流 \end{cases} \tag{5-9}$$

式中,Re 是雷诺系数,计算公式为

$$Re = \frac{\rho \bar{V} D}{\mu} \tag{5-10}$$

式中,$\bar{V}$ 是气体速度,表达式为

$$\bar{V} \approx \frac{4 \dot{n} M_{H_2}}{\rho \pi D^2} \tag{5-11}$$

因为在试验条件下,雷诺数一般不超过 1 400,故可以假定 PEMFC 内的气流流动为层流[141]。因此,将式(5-9)—式(5-11)代入式(5-8),我们可以得到

$$\Delta p_2 = \frac{128\mu l}{\pi D_4} \cdot \frac{\dot{n} M_{\mathrm{H_2}}}{\rho} \qquad (5-12)$$

此外，通过量纲分析，我们可以得到

$$\frac{M_{\mathrm{H_2}}}{\rho} = \frac{RT}{p} \qquad (5-13)$$

将式(5-13)代入式(5-12)，可得

$$\Delta p_2 = \frac{128\mu l R}{\pi D^4} \cdot \frac{\dot{n}}{p} \qquad (5-14)$$

式中，p 是阳极侧流道内的压力。为了简化起见，令

$$p = (p_{\mathrm{in}} + p_{\mathrm{out}})/2 = p_{\mathrm{in}} - \Delta p_2/2 \qquad (5-15)$$

将式(5-15)代入式(5-14)，我们可以将式(5-14)简化为

$$\frac{1}{2}\Delta p_2^2 - p_{\mathrm{in}}\Delta p_2 + C\dot{n}T = 0 \qquad (5-16)$$

式中，

$$C = \frac{128\mu l R}{\pi D^4} \qquad (5-17)$$

通过求解式(5-16)，我们得到

$$\Delta p_2 = p_{\mathrm{in}} \pm \sqrt{p_{\mathrm{in}}^2 - 2C\dot{n}T} \qquad (5-18)$$

此外，根据实际情况，$\Delta p_2 < p_{\mathrm{in}}$。因此，

$$\Delta p_2 = p_{\mathrm{in}} - \sqrt{p_{\mathrm{in}}^2 - 2C\dot{n}T} \qquad (5-19)$$

根据式(5-2)和式(5-19)，外部电流的增大导致阳极流道内较大的气体摩尔流量 $\dot{n}$，并进一步造成压力降 Δp_2 的增加。另由式(5-7)可知，p_{out} 随着

Δp_2 的增加而减小,并最终使得电磁阀开启时排出的氢气量减少。另外,在高电流下,阳极侧液态水的累积也会造成阳极流道内 Δp_2 的增加,并进一步引起 p_{out} 的减小。

以上从原理方面说明了电磁阀开启时的排氢量随着电流增大而减小,但氢气利用率随电流增大而提高的原因。下面进一步分析 purge 操作对电堆电压的影响。

purge 操作对电压的影响

为了考察阳极 purge 对电堆性能的影响,本节选择 4 个不同的负载水平进行试验和对比分析。试验时,阳极侧的入口压力设为 1.6 atm。图 5-2 所示是在每个负载水平下,电堆电压稳定后获得的相关试验结果。由图可见,当电流由低变高时,purge 对电压的影响在发生变化。

当电流为 2 A 时,随着电磁阀的开启,输出电压有略微的下降(图 5-2(a))。这是因为与其他情况相比,此时的电流最低,电堆内产生的水蒸气和热量也较少。此外,在阳极采用"dead-end"操作模式下,当电磁阀关闭时,氢气的过量系数接近于 1。因此,电磁阀开启时,尾气不但带走了堆内的热量和水分,也可能导致堆内暂时性的燃料饥饿。这些情况最终造成了电磁阀开启时图 5-2(a)中所示电压的短暂下降。

然而,当电流由 2 A 增加到 8 A 和 14 A 时,随着电磁阀的开启,电堆的输出电压出现短暂的略微下降,然后出现小幅的升高(图 5-2(b),图 5-2(c))。当电流进一步增加至 25 A 时,purge 对电堆电压有明显的提升作用(图 5-2(d))。原因是此时电堆内产生了较多的液态水,阻塞了气体由流道向扩散层的传输,并引起活化过电位和浓差过电位的增加,最终导致输出电压的下降。电磁阀的开启可以吹扫堆内累积的液态水,并使得电压有一定程度的提升。

因此,在不同电流下,有不同的反应物消耗量,水和热量的生成量,阳

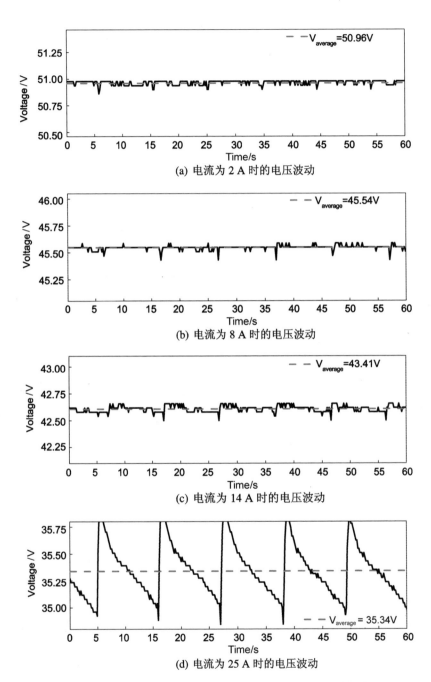

(a) 电流为 2 A 时的电压波动

(b) 电流为 8 A 时的电压波动

(c) 电流为 14 A 时的电压波动

(d) 电流为 25 A 时的电压波动

图 5-2　不同电流下,阳极 purge 对电压的影响(对应的操作
条件:环境温度 4℃、环境湿度 46%、风扇转速 55 r/s)

极 purge 对电堆性能的也在产生变化。为了提高氢气的利用率和提升电池的性能,阳极电磁阀关闭和开启的时长应该随着外部负载的变化做相应的调整。

本章接下来建立考虑阳极 purge 现象的数学模型,并分析不同电流下,电磁阀关闭和开启的时长对电堆性能的影响。

5.3 质子交换膜燃料电池
阳极 purge 的模型研究

McKay D. A. 等[142]建立了关于 PEMFC 的两相、动态的一维模型。该模型能够模拟阳极流道内水淹及 purge 操作对电压的影响。通过试验和可变参数的辨识,在他们的后续工作中,详细的讨论了电堆性能和阳极 purge 之间的关系[142-145]。本章将在如下两方面改进上述模型。

① 文献[142-145]研究的是低电流密度下,purge 操作对电堆性能的影响,但是影响气体传输的对流项被忽略;本书考察中等电流密度下电堆内的传输现象,此时气体速度较大,故要考虑引起气体传输的对流作用。

② 根据相关的试验和数学模型,详细地讨论在中等电流密度下,阳极 purge 操作与电堆性能的关系。

因此,本节的主要目标是扩展文献[84,142-145]中与 purge 相关的数学模型,并将研究范围由低电流密度扩展到中等电流密度,考察 purge 和阳极水淹、电压等重要物理量之间的关系。通过将改进模型的仿真结果与试验数据对比来验证模型的准确性后,我们将根据模型分析与 purge 相关的操作参数对电堆性能的影响。

本章的后续安排是:首先建立扩散层内气体和液态水传输的一维数学模型,其次描述 MEA(膜电极,包含阴阳两极的催化层和质子交换膜)层与流道内气体传输的集总参数模型,并介绍极化曲线的相关计算公式,最后根据上述模型来进行数值计算与分析。

5.3.1　数学模型

模型假设

为了建立反应物和水的传输模型,需要引入下面的模型假设:

- 氧气和氮气分子不能穿越质子交换膜[145];

- 损耗电流密度(loss current density)是由氢气渗透过质子交换膜与阴极侧的氧气反应引起的[4];

- 忽略接触电阻;

- 电堆内存在气液两相水;

- 反应气体为理想气体;

- 电池内各部件(气体流道、扩散层和 MEA 等)温度相等[143];

- 不考虑重力影响;

- 电堆内电压是均匀分布的;

- 每个单池分为 5 部分,分别为阴阳两极的气体流道和扩散层,以及 MEA。反应物和水在扩散层内的传输采用一维偏微分方程描述,同时采用零维模型描述流道和 MEA 内的传输现象。零维模型为一维模型提供动态的边界条件。

- 当阳极催化层和质子交换膜的部分交界面被累积的液态水占据时,阴极侧对应区域上从阳极传导而来的质子减少。因此,我们假设在阳极发生水淹时,阴、阳两极有相同的反应面积,A_{app},定义见式(5-37)(这一假设有助于式(5-36)的推导)。

液态水在扩散层内的传输方程

如文献[143]所述,在具有疏水性的扩散层内,毛细管力随着扩散层内多孔介质的空隙被液态水填充而增大,并引起液态水向邻近水较少区域流动。这一传输过程导致了液态水在扩散层的传输,并进一步造成液态水向流道内流动。根据扩散层内的质量守恒定律,液态水的动态特性可由毛细管力引起的液态水质量流动 W_l 和水的蒸发速度 R_{evap} 定义[143]:

$$\frac{\partial s}{\partial t} = \left(\frac{1}{\rho_l \varepsilon A_{fc}}\right)\frac{\partial W_l}{\partial y} - \frac{R_{evap}M_v}{\rho_l} \tag{5-20}$$

式中,s 表示扩散层内液态水的质量通过液态水的饱和度。s 的定义为扩散层内液态水所占体积与总孔隙体积的比值($s = V_l/V_p$),A_{fc} 是燃料电池的膜面积(nominal fuel cell active area),ρ_l 是液态水的密度,M_v 是水蒸气的摩尔质量,ε 是扩散层的孔隙率,y 代表一维坐标变量。

液态水在扩散层内的质量传输速度是毛细管力的函数,定义为[143]

$$W_l = -\frac{\varepsilon A_{fc}\rho_l K K_{rl}}{\mu_l}\left(\frac{\partial p_c}{\partial S}\right)\left(\frac{\partial S}{\partial y}\right) \tag{5-21}$$

式中,p_c 为液态水的毛细管力,K 为绝对渗透率,μ_l 为液态水的黏度系数,S 为受限的液态水饱和度(reduced liquid water saturation),定义为[143]

$$S = \begin{cases} \dfrac{s - s_{im}}{1 - s_{im}} & s_{im} < s < 1 \\ 0 & 0 \leqslant s \leqslant s_{im} \end{cases} \tag{5-22}$$

s_{im} 是饱和度的临界值,描述了液态水传输间断和毛细流动被中止的上界。当 $s < s_{im}$ 时,毛细管流动被中断。K_{rl} 是液态水的相对渗透率,描述了当 $s > s_{im}$ 时的液态水传输方式,定义为[94]

$$K_{rl} = S^4 \tag{5-23}$$

毛细管力是多孔介质内液态水的表面张力,定义为[143]

$$p_c = \frac{\sigma \cos \theta_c}{\sqrt{K/\varepsilon}} (1.417S - 2.120S^2 + 1.263S^3) \qquad (5-24)$$

式中,σ 是液态水与气体之间的表面张力,θ_c 为液态水在多孔介质表面的接触角。

水的摩尔蒸发速度为[144]

$$R_{evap} = \gamma \frac{p_{sat} - p_v}{RT} \qquad (5-25)$$

式中,γ 为体积凝结系数,R 为理想气体常数,T 为温度,p_{sat} 为水蒸气的饱和压力,p_v 为水蒸气的分压。当 $p_{sat} < p_v$ 时,有 $R_{evap} < 0$,表示水的凝结;此处需要考虑逻辑限制:如果没有液态水生成($s = 0$),并且 $p_{sat} > p_v$,那么没有水的蒸发,即 $R_{evap} = 0$。

反应气体在扩散层内的传输方程

扩散传质和对流传质是反应气体在扩散层内传输的两种基本形式。由于气体的流动速度在对流系数中起主要作用,对流传质只在气体流动方向施加影响;根据 Fick 定律,扩散传质是根据气体的浓度梯度大小在各个方向影响气体分布。

在低电流密度下,气体的速度较小,故对流传质一般忽略不计。但是,若将研究范围从低电流密度扩展至中等电流密度,需考虑对流传质。对流通量可以表达为

$$N_{c,k} = uC_k \qquad (5-26)$$

式中,$N_{c,k}$ 是第 k 种组分的对流通量;u 是气体速度;C_k 是第 k 种组分的摩尔浓度。

在多孔介质中,气体速度和压力的关系可以通过 Darcy 定律得到:

$$\rho_g u = -k_{rg} \frac{K}{v_g} \frac{\partial p_g}{\partial y} \qquad (5-27)$$

式中，ρ_g 为气体的混合密度，定义为

$$\rho_g = \frac{1}{\sum_i \frac{y_i}{\rho_i}} \qquad (5-28)$$

此处 y_i 和 ρ_i 分别为第 k 种组分的质量分数和密度。k_{rg} 是气体的相对渗透率，定义为气相的本征渗透系数与气液混合的渗透系数之比，也可表示为

$$k_{rg} = (1-S)^4 \qquad (5-29)$$

v_g 是气体的动力黏度。所有气体组分的压力之和可由理想气体状态方程求得[142]：

$$p_g = \left(\sum_i C_i\right) RT \qquad (5-30)$$

式中，下标 i 在阳极代表氢气和水蒸气，在阴极代表氧气、氮气和水蒸气。

因此，由式(5-26)—式(5-30)，可以得到对流通量的表达式为

$$N_{c,k} = -KRT \frac{k_{rg}}{\rho_g v_g} C_k \sum_i \frac{\partial C_i}{\partial y} \qquad (5-31)$$

在扩散层中，气体组分的扩散通量是其浓度梯度的函数，作用是将气体由高浓度的地方输送至低浓度的地方。阳极和阴极的扩散通量都可以表达为[143]

$$N_{d,k} = -\langle D_k \rangle \frac{\partial C_k}{\partial y} \qquad (5-32)$$

式中，$\langle D_k \rangle$ 是气体组分在扩散层中的有效扩散系数，定义为[143]

$$\langle D_k \rangle = D_k \varepsilon \left(\frac{\varepsilon - 0.11}{1 - 0.11}\right)^{0.785} (1-s)^2 \qquad (5-33)$$

因此，气体浓度随时间的变化可以表示为 $N_{d,k}+N_{c,k}$ 和 R_k 的函数，对应的偏微分方程表达式为

$$\frac{\partial C_k}{\partial t} = -\frac{\partial(N_{d,k}+N_{c,k})}{\partial y} + R_k \qquad (5-34)$$

故上式是一个关于第 k 种组分浓度 C_k 的瞬态对流扩散传输方程。

反应气体在流道和 MEA 中的传输方程

以下给出气体组分在流道内的质量守恒方程以及水蒸气通过 MEA 在阴阳两极之间的传输模型。

运用质量守恒定律可以得到气体组分在阳极流道内的控制方程如下[84]：

$$\frac{\mathrm{d}m_{H_2,anch}}{\mathrm{d}t} = W_{H_2,in} - W_{H_2,out} - W_{H_2,anch2GDL} \qquad (5-35)$$

$$\frac{\mathrm{d}m_{vapor,anch}}{\mathrm{d}t} = W_{vapor,an,in} - W_{vapor,an,out} - \\ W_{vapor,anch2GDL} + W_{evap,an} \qquad (5-36)$$

$$\frac{\mathrm{d}m_{liquid,anch}}{\mathrm{d}t} = W_{liquid,an,in} - W_{liquid,an,out} + \\ W_{liquid,anch2GDL} - W_{evap,an} \qquad (5-37)$$

式中，氢气在入口处的质量流量定义为[143]

$$W_{H_2,in} = k_{an,in}(p_{an,in} - p_{an,ch}) \qquad (5-38)$$

此处，$k_{an,in}$ 是根据试验获得的阀门常量。

阳极流道内的总压力等于氢气和氧气的分压之和，计算公式为

$$p_{an,ch} = \frac{RT}{V_{an}}\left(\frac{m_{H_2,anch}}{M_{H_2}} + \frac{m_{vapor,anch}}{M_{H_2O}}\right) \qquad (5-39)$$

由于阳极入口处使用的是没有增湿的干空气,故有

$$W_{\text{vapor, an, in}} = 0, \quad W_{\text{liquid, an, in}} = 0 \tag{5-40}$$

与入口处的质量流量计算公式类似,阳极流道出口处总的质量流量 $W_{\text{anch, out}}$ 为[143, 84]:

$$W_{\text{anch, out}} = k_{\text{an, out}} v_{\text{an, open}} (p_{\text{an, ch}} - p_{\text{anch, out}}) \tag{5-41}$$

式中,当 $v_{\text{an, open}} = 0$ 表示出口处电磁阀阀门关闭,此时 $W_{\text{anch, out}} = 0$;当 $v_{\text{an, open}} = 1$ 表示出口处电磁阀阀门开启,此时 $W_{\text{anch, out}} > 0$,表示开始吹扫流道内的尾气和液态水等。

因此,阳极出口处氢气和水蒸气的流量分别为

$$W_{\text{H}_2\text{, out}} = \frac{1}{1 + w_{\text{an}}} W_{\text{anch, out}} \tag{5-42}$$

$$W_{\text{vapor, out}} = \frac{w_{\text{an}}}{1 + w_{\text{an}}} W_{\text{anch, out}} \tag{5-43}$$

式中,w_{an} 表示湿度比,定义为

$$w_{\text{an}} = \frac{p_{\text{v}} M_{\text{v}}}{p_{\text{H}_2} M_{\text{H}_2}} \tag{5-44}$$

水蒸气凝结质量速率可以通过下式计算[84]:

$$W_{\text{evap, an}} = \min\left[A_{\text{fc}}(p_{\text{sat}}(T_{\text{st}})) - p_{\text{v, anch}}\sqrt{\frac{Mv}{2\pi R T_{\text{st}}}}, \ W_{\text{liquid, anch2GDL}} \right] \tag{5-45}$$

此外,本书还定义

$$W_{\text{liquid, an, out}} = \frac{m_{\text{liquid, anch}}}{t_{\text{purge}}} \tag{5-46}$$

根据式(5-46),可以定量的描述每次 purge 发生时吹扫出电堆的液态水量。至此,阳极流道内气体传输的模型被建立完成。

上述阳极流道内气体传输的集总参数模型可以为扩散层内的一维偏微分方程提供实时的边界条件。换言之,我们可以根据如下关系式计算得到扩散层和流道交界面处的气体扩散通量:

$$W_{k, \text{anch2GDL}} = N_{d, k} M_k \varepsilon A_{\text{fc}} n_{\text{cell}} \tag{5-47}$$

此外,根据式(5-35)和式(5-36)计算出气体质量后,气体的摩尔浓度可以通过下式获得:

$$C_k = \frac{m_k}{M_k V_{\text{an}}} \tag{5-48}$$

通过将式(5-48)代入式(5-31),可以进一步得到扩散层和流道交界面处的对流通量。因此,通过阳极扩散层和流道交界面处的扩散和对流通量,这两个区域对应的守恒方程可以被联系起来。

阴极侧流道内的模型与阳极类似,除了以下两点:(1)反应组分氢气替换为氧气;(2)阴极侧出口处不存在 purge 操作,即 $v_{\text{ca, open}} \equiv 1$

氢气在扩散层和 MEA 交界面处的扩散通量为

$$N_{\text{H}_2, GDL2MEA} = \frac{I}{2\varepsilon A_{\text{fc}} F} \tag{5-49}$$

水蒸气在扩散层和 MEA 交界面处的扩散通量受阴极催化层内产水量的影响,定义为[143]

$$N_{\text{vapor, anGDL2MEA}} = \frac{1}{\varepsilon} N_{\text{vapor, MEA}} \tag{5-50}$$

$$N_{\text{vapor, caGDL2MEA}} = \frac{1}{\varepsilon} \left(N_{\text{vapor, MEA}} + \frac{I}{2 A_{\text{fc}} F} \right) \tag{5-51}$$

式中,水蒸气通过质子交换膜的摩尔通量 $N_{vapor, MEA}$ 受到电拽力和由浓度差引起的反扩散影响[84, 143]:

$$N_{vapor, MEA} = n_d \frac{I}{A_{fc}F} - \alpha_w D_w \frac{c_{vapor, ca, MEA} - c_{vapor, an, MEA}}{t_{mb}} \quad (5-52)$$

式中,n_d 是电拽力系数,D_w 是膜中水的扩散系数,t_{mb} 是膜的厚度,α_w 是根据试验获得的修正系数。

至此,建立了阳极和阴极各部分的子模型。根据这些数学模型,可以分析水在阴、阳两极的传输过程以及 purge 操作对电堆性能的影响。

电压计算模型

根据本书 1.2 节所述开路电压以及各种极化的计算方法,可以得到电堆的输出电压。但本章的主要目的是研究中低电流密度下,通过 purge 排出阳极累积的液态水对电堆性能的影响。因此,将电堆输出电压的表达式简化为[143]

$$V = E - \eta - V_{ohm} \quad (5-53)$$

式中,V 表示电堆的输出电压;E 表示理论开路电压,计算公式见式(1-10);为了体现水淹对活化过电位 η 的影响,本书将 η 计算公式(1-34)进一步表示为[4]:

$$\eta = \frac{RT}{\alpha F} \ln\left(\frac{i_{app} + i_{loss}}{i_0}\right) \quad (5-54)$$

式中,i_{loss} 是由氢气内窜引起的内部损耗电流密度,i_{app} 为表观电流密度(apparent current density),定义为

$$i_{app} = \frac{I}{A_{app}} \quad (5-55)$$

式中,A_{app} 是表观的燃料电池反应面积,等于燃料电池的膜面积与水淹面积

之差,估算公式为

$$A_{app} = A_{fc} - \frac{2m_{liquid,\,anch}}{n_{cells}\rho_1 \ t_{wl}} \tag{5-56}$$

式中,系数 2 代表集电勒条的存在减少的反应面积[143]。

欧姆过电位 V_{ohm} 的计算公式见式(1-38),需要指出的是此处只考虑质子交换膜的电阻,暂未考虑式(1-39)中的电子电阻和接触电阻。如上所述,本节只考察中低电流下的电堆特性,故浓差过电位也没有在模型中考虑。在以后改进的模型中,会考虑以上因素对电堆性能的影响。至此,考虑水淹对电压影响的数学模型建立完毕,结合上节液态水、气体在扩散层、流道和 MEA 内的传输模型,可以计算电堆内电化学反应产生的液态水传输,以及其在 purge 作用对电堆性能的影响。

本书使用 Matlab/Simulink 工具实现上述 purge 数学仿真模型,所搭建模型的各个主要模块框图见附录 B 所示。这里需要指出,前述数学方程的很多变量相互耦合,因此,方程的求解相对比较烦琐。基于此,在建模过程中使用了大量 S 函数,以简化求解过程及模型的结构。其中,S 函数所涉及的部分程序可参见附录 C。

5.3.2　数值仿真与讨论

本节的主要目的是:(1)基于试验数据验证上节数学模型的可行性与有效性;(2)在文献[84,142-145]基础上,考虑在中等电流密度下,对流传质对气体和液态水传输的影响;(3)最后,基于模型研究阳极不同 purge 策略对电压的影响。

模型验证

本节的试验数据是采用 5.2 节介绍的试验方法获得的。为了简化起见,假设试验的自呼吸电堆可以提供足够的空气流量维持电堆的温度不变和阴极反应所需的过量系数;另外,由于阴极采用的是敞开式结构,假设阴极扩散层和 MEA 内没有液态水的累积。

为了验证在中等电流密度下上节模型的有效性,本书将电堆的电流密度从 0 A/cm² 加载至 0.463 A/cm²,步长为 0.037 A/cm²(电堆的最大输出电流为 30 A,对应的最大电流密度为 0.556 A/cm²)。此处给出在电流密度为 0.333 A/cm² 和 0.463 A/cm² 情况下的试验数据和仿真数据的对比,相应的电磁阀操作模式为:关闭时长 11 s,开启时长 0.15 s。

图 5 - 3(a)给出了电流密度为 0.333 A/cm² 时,通过仿真和试验获得的电压对比。由图可见,除了试验情况下得到的电压波动曲线较粗糙,仿真数据和试验数据能够基本吻合。还可以发现,在电磁阀关闭时,电堆电压持续下降(在 11 s 内下降了大约 0.2 V),当电磁阀打开后,电压在 0.15 s 的时间内得到了恢复。当电流密度变为 0.463 A/cm² 时,仿真获得的电压也能与试验电压吻合。此时,电压的波动由 0.2 V 变为 1 V,这说明在较大的电流下,堆内累积的液态水更多,purge 操作对电压的提升作用也更大。

为了进一步验证模型的准确性,以下给出仿真结果与文献中的试验结果的对比。图 5 - 4(a)给出了在 5 个不同负载水平下(相应的电流变化情况见图 5 - 4(b)),本书通过仿真得到的电压与文献[143]中试验数据的对比(图中 Simulated data I 对应的数学模型考虑了对流传质;Simulated data II 对应的模型仅考虑了扩散作用,下同。)。由图 5 - 4(a)可知,在电压变化的第一和第二阶段,仿真结果与试验结果相比,误差较大,原因可能是二者的初始条件选取不同。但是在后面的三个阶段,仿真与试验结果吻合的较好。此外,可以发现两组仿真结果差别较小,这是因为在小电流密度下,对流传质的作用不明显。在下一节,研究在其他电流密度下,模型包含对流项与否,仿真结果的差别。

本小节通过将仿真与试验结果对比,验证了不同电流下模型的准确性。在此基础上,下节对燃料电池进行详细的机理分析。

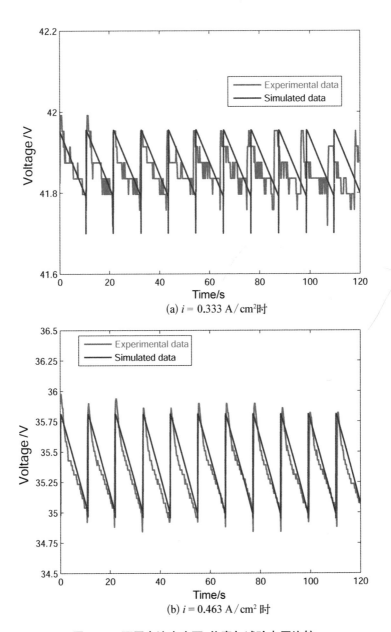

(a) $i = 0.333 \, \text{A}/\text{cm}^2$时

(b) $i = 0.463 \, \text{A}/\text{cm}^2$ 时

图 5-3　不同电流密度下,仿真与试验电压比较

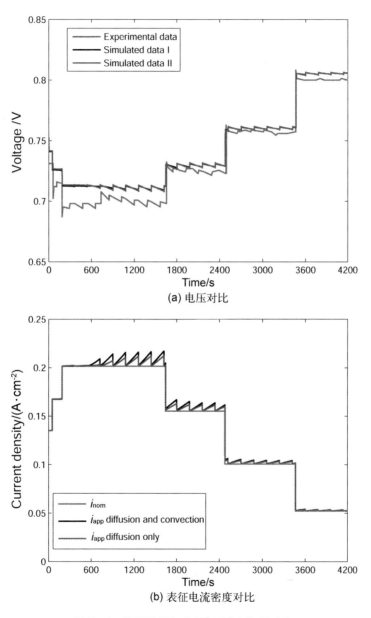

(a) 电压对比

(b) 表征电流密度对比

图 5‐4　仿真结果与文献[143]中结果对比

扩散层内对流传质影响研究

由图 5-4(b)可知,在阳极侧 purge 发生周期内,考虑对流项的数学模型比含有扩散项的数学模型得到的表征电流密度偏小,尤其是在较高的电流密度下。但是,两种模型得到的对应电压差别不大。

为了进一步考察扩散层内对流传质的作用,本节将图 5-4(b)所示中的电流密度扩大 1.5 倍,由此得到的电压和表征电流密度变化情况见图 5-5。可见,图 5-5(a)所示比图 5-4(a)中所示两种模型得到的电压差别要大很多,并且,purge 对电压的提升作用也更加明显。在图 5-5(a)中,如果仅考虑扩散项,在每一个负载水平,电压随时间一直下降;但若考虑对流作用,随着 purge 发生,电压可以在每个负载水平下保持稳定波动。原因是,阴极的对流作用可以减少由阴极向阳极反扩散水分;而阳极的对流传质可以将阳极扩散层中的液态水及时的排入流道内。通过减小扩散层的"水淹",促进了反应物(氢气和氧气的传质)的传质,表征电流密度也获得提高,从而减小了活化极化,并最终使电压得到提高。

由图 5-5(b)中所示两种模型对应的表征电流密度分布可知,若仅考虑扩散作用,得到的表征电流密度变化非常剧烈,尤其是在负载的第三阶段和第四阶段,这与图 5-5(a)中所示电压的持续下降相对应。但是,考虑对流作用时得到的表征电流密度变化不是很剧烈,对应的电压也较为稳定。这与实际情况下电堆一般可在中等电流密度下稳定操作的事实相符。

为了进一步说明上述两种模型的差别,图 5-6 给出了与图 5-5 对应的阳极侧扩散层内水的摩尔浓度与液态水的饱和度变化情况。由图可见,考虑对流传质作用的模型比仅考虑扩散作用的模型得到的水摩尔浓度要小,尤其是在中等电流密度下。较小的水摩尔浓度意味着生成的液态水也少,从而对应的液态水饱和度也降低,图 5-6(b)也验证了这种分析。

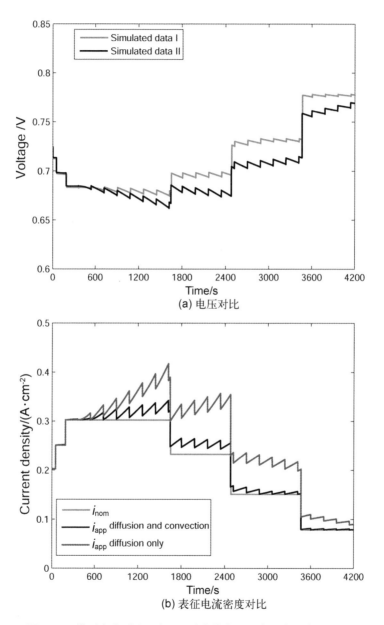

(a) 电压对比

(b) 表征电流密度对比

图 5-5 模型考虑对流项与否,对应的电压和表征电流密度对比

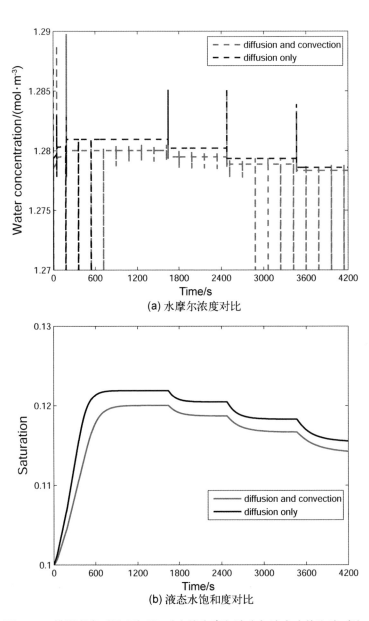

(a) 水摩尔浓度对比

(b) 液态水饱和度对比

图 5 - 6　模型考虑对流项与否,对应的水摩尔浓度与液态水饱和度对比

电磁阀开启与关闭时长影响研究

本节分别讨论电磁阀不同的关闭与开启时长对电堆电压和表征电流密度的影响。首先,选取了电磁阀开启时长 1 s 时,5 种不同关闭时长(180 s,140 s,100 s,60 s 和 20 s)对电压性能影响分析,相关的结果见图 5-7。可见在前两个阶段,电磁阀不同的关闭时长对应的电压几乎没有差别;但是在第三个阶段,采用 180 s 的关闭时长电压开始呈现严重的电压下降趋势。这种下降情况一直持续到第四阶段。到第五阶段,此时电流小,有较少的水生成,电压才逐渐的恢复。在采用 140 s 作为电磁阀关闭时长时,电压的下降趋势有所缓和;当关闭时长小于 140 s 的三种情况下,电堆性能能够通过 purge 作用得到较好的维持。在实际工程中,需要在维持电堆性能的前提下,尽量地延长电磁阀关闭时长以提高效率。

图 5-7(b)所示是采用上述不同关闭时长时对应的表征电流密度对比。可见在第三阶段和第四阶段,当电磁阀关闭时长为 180 s 和 140 s 时,表征电流密度有很大的上升,由式(5-55)和式(5-56)可知,此时电堆内液态水的累积较为严重,使得反应面积减小,表征电流密度增大。又由式(5-54),电流密度的变大会引起活化过电位升高,进而电压下降,这与图 5-7(a)所示电压的变化情况相对应。

图 5-8 给出了当电磁阀关闭时长为 180 s 时,采用三种电磁阀开启时长(1 s,0.65 s,0.5 s)对电池性能的影响。由图 5-8(a)可见,在负载较大的第三阶段和第四阶段,三种电磁阀开启情况对应的电压都随时间呈下降趋势。但是,电磁阀开启时长较长时,电堆的电压下降趋势可以得到一定程度的改善。较为明显的区别出现在第五阶段,在开启时长选择 1 s 的情况下,电堆的性能通过 purge 逐渐地得到了恢复。但是,其余开启时长较短的 0.65 s 和 0.5 s 的情况下,电堆的性能直到第六阶段才得到恢复,并且其恢复时长与电磁阀开启时长呈反比关系。图 5-8(b)所示是与图 5-8(a)所示对应的表征电流密度变化情况,可见其分布与电压分布呈相反的变化

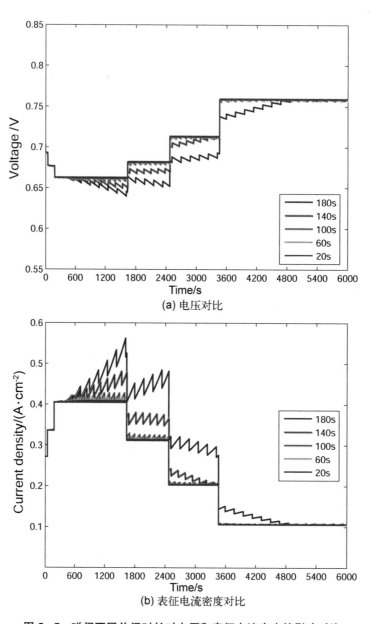

(a) 电压对比

(b) 表征电流密度对比

图 5-7　磁阀不同关闭时长对电压和表征电流密度的影响对比

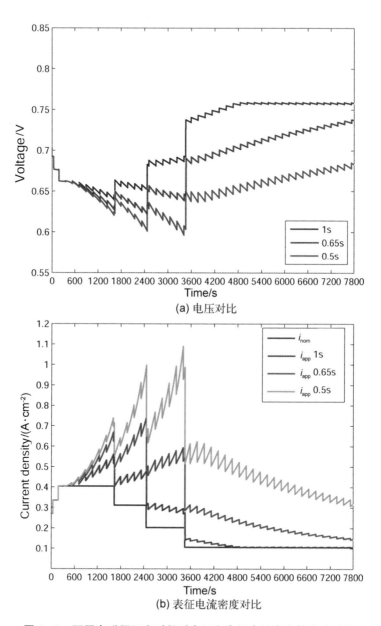

(a) 电压对比

(b) 表征电流密度对比

图 5‑8　不同电磁阀开启时长对电压和表征电流密度的影响对比

情况,相关的解释同上。需要指出的是,本节设定的某些电磁阀开启与关闭时长可能是极端情况,实际工程中不会发生。但其目的是为了阐明 purge 操作对电池性能的影响。

5.4 本 章 小 结

本章首先通过试验分析了在不同电流下,采用阳极 purge 操作对氢气利用率和电池性能的影响,结论如下:(1)氢气的利用率随电流的增大而提高。(2)在低电流下,当电磁阀开启时,电压有略微的下降;但在中高电流下,电磁阀关闭时,电压出现持续下降趋势,电磁阀开启时,电压得到一定能够程度的恢复。

最后,本章建立了可用于研究阳极 purge 现象,且考虑了对流传质的数学模型。基于该模型的仿真结果可以和试验数据相吻合。由于考虑了对流传传质,该模型可以研究中等电流密度下 purge 操作对电堆性能的影响,且与仅考虑扩散传质的数学模型相比,相关的结果也更符合实际。最后,基于模型研究了不同的 purge 操作对电堆性能的影响。该模型为下一阶段优化和控制阳极 purge 操作打下了基础。

第 **6** 章

结论与展望

　　回顾本书各章,反思所做之研究,深刻地体会到科学研究的艰难、崇高和神圣及由此产生的人生意义和幸福,也坚定了自己从事科学研究的决心和信心。在信息高度畅通的今天,理论和技术都在不断发展。为此,只有使自己的知识不断更新,才能跟上时代前进的步伐。

6.1 结　　论

　　PEMFC 的研究是跨学科的,涉及材料学、传热传质学、电化学、计算数学和控制理论等内容。本书通过阅读大量的文献和自己的理解,从热力学的角度阐述了 PEMFC 开路电压与氢氧化学反应涉及的熵焓等物理量的关系;基于法拉第定律揭示了反应物消耗量和电流的映射关系,并从电化学的角度说明了电流密度与电压之间的关系式,即 Butler-Volmer 方程;最后阐述了 PEMFC 各种过电位形成的原因及其对电堆性能的影响。由此,形成了研究 PEMFC 最重要的三个指标值:电压、电流、过电位。然后,从氢源、价格、寿命、系统管理等方面总结了 PEMFC 的研究进展。以上内容是本书后续工作的理论和现实基础,也可对 PEMFC 初学者起到抛砖引玉的作用。

衣宝廉等[25]指出：在 PEMFC 关键材料和部件没有取得突破性进展以前，根据电堆的运行机理，针对不同的工况采取相应的系统管理和控制策略，可以在一定程度上提高电池寿命。这需要对电堆运行过程中涉及的多物理场耦合问题有深刻的理解，数值仿真作为 PEMFC 数值研究的重要手段之一，有助于该问题的解决。

PEMFC 分布参数模型主要以相关的守恒方程（包括质量守恒、动量守恒、组分守恒、能量守恒和电荷守恒等）为基础，可以描述电堆内重要物理量的空间分布，为燃料电池的水热管理、流场结构和操作条件优化等提供参考。但是，由于仿真区域和数学模型复杂程度不同，一些分布参数模型若采用常规解法存在计算量大且不易收敛，数值结果也难以验证等问题。因此，在本书的第 2 章，采用 Kirchhoff 变换和 Fluent 的自定义函数功能，解决了 M^2 模型由于间断系数导致的数值发散问题；并根据组分守恒方程提出了基于质量守恒原理的数值判据因子方法，用于仿真结果的验证，此外本书还从电化学似然性的角度分析了单池内重要物理量空间分布的合理性。

在第 3 章，针对：① 集总参数模型可用于描述和分析燃料电池的动态响应，仿真用时较短、操控方便，但不能反映电堆内重要物理量空间变化；② 分布参数模型能够反应内部状态变化但不能反映外部辅助系统动态变化对电堆性能影响的特点，提出了协同仿真模型。该模型对外部辅助系统采用集总模型建模，同时对电堆采用分布参数模型仿真，通过有效的数据传递，可以更准确地反映电堆真实运行时内部的状态变化。基于该协同仿真平台，对加载过程中电堆电压出现的 undershoot 现象进行了仿真，且模拟结果能够与其他试验和仿真结果定性吻合，此外，本书还从外部辅助系统滞后和内部液态水累积等方面对该现象进行了全面的解释。

　　真实 PEMFC 运行时,是几十片乃至上百片单池的串联以获得较高的输出功率,但是随之而来的问题是单池电压的不均匀分布。从理论上分析单池电压非一致性的原因,对实际的工程应用有很好的指导作用。根据第 2 章、第 3 章提出的数学模型和数值仿真方法,在第 4 章,采用分布参数模型对包含 10 片单池的电堆进行了三维数值仿真,模拟结果显示:堆内温度分布的不一致性可以通过影响单池的活化和欧姆过电位,进而导致堆内单池电压分布的不一致性;此外,还分析了不同的热操作环境、不同导热材料对电堆性能的影响,结论是热交换环境下,各单池能更好地保持散热的均一性,单池电压的一致性较好,选择合适的导热材料,可以使电堆的性能和电池电压的一致性都得到提高。最后,尝试分析了由某些原因导致在两片单池之间接触电阻增大时,堆内电压和温度分布的异常情况。

　　PEMFC 阳极端一般采用 purge 的操作模式,这可以提高氢气的利用率,并能排放出阳极侧存在的一氧化碳和其他惰性气体,如从阴极渗透而来的氮气,以及累积的液态水,从而提高电堆的性能。但是,如何控制电磁阀开启与关闭的时长,从而获得较好的氢气利用率和电池性能是一个值得研究的问题。基于此,在第 5 章,首先针对一款自呼吸 PEMFC 进行了 purge 试验,发现:① 氢气的利用率随负载的增大而增大;② 在小电流下,电磁阀开启时电堆电压有略微的下降,但在大电流下,电磁阀开启对电堆电压有明显的提升作用。为了进一步从机理上研究 purge 操作对电堆性能的影响,在本章的最后,建立了用于模拟 PEMFC purge 操作的一维,两相数学模型,该模型考虑了多孔介质中,对流项对传质的影响,并且所得仿真结果能够和试验结果相吻合。基于该模型,分析了不同的电磁阀开启与关闭时长对电堆性能的影响,这为下一阶段研究阳极 purge 控制策略奠定了基础。

6.2 创 新 点

本书的创新点可以总结为以下 3 点：

① 模型研究方面：针对 PEMFC 气液两相模型扩散系数间断导致的迭代发散和振荡问题，本书采用 Kirchhoff 变换，将原方程等价转换为不含有间断系数的方程，然后采用查表法和牛顿法迭代，并基于 Fluent 的自定义函数功能，有效地进行了解决。此外，提出了基于组分与质量守恒的分布参数模型数值验证方法；

② 仿真方法方面：为发挥 PEMFC 分布参数模型和集总参数模型的优点并弥补各自缺陷，建立了协同仿真模型。通过两类模型有效的数据传递，该协同仿真模型能够呈现 PEMFC 内部变化同外部辅助系统之间的相互影响。基于该平台，对加载过程中电压出现的 undershoot 现象进行了全面合理的解释；

③ 现象研究方面：基于建立的完整 PEMFC 电堆分布参数模型（模型中首次考虑了冷却液的影响），仿真分析了堆内单池电压非一致分布的主要影响因素；通过考虑对流传质，将原仅能在低电流下仿真电磁阀开关对电堆性能影响的模型扩展到在中等电流下也能适用。

6.3 展　　望

PEMFC 还存在一些问题需要通过数值仿真与试验相结合的手段进行解决，根据本书的工作，提出以下 4 点：

① 将第 3 章协同仿真研究中的电堆模型和辅助系统模型分别进行优

化,模拟更加真实的电堆运行环境,同时将模型的验证由定性提高到定量;

　　② 通过采用高效的数值计算方法和并行算法,将第 4 章中的模拟范围由 10 片扩展到真实电堆的片数,如 70 片、100 片等;

　　③ 采用合适的优化控制算法,并基于第 5 章中的数学模型对 purge 控制策略进行合理的优化;

　　④ 寻找合适的方式,将第 1 章中提到的引起电堆性能下降的衰退和故障原因嵌入相应的数学模型,并提出优化建议也是值得研究的工作。

附录 A

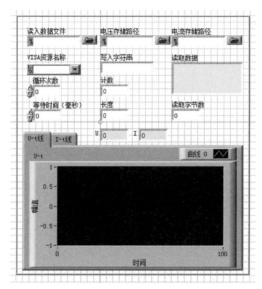

(a) LabViEW 前面板

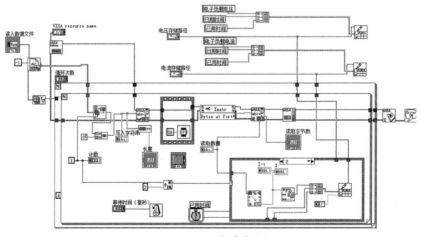

(b) LabViEW 程序框图

图 A - 1 第 5 章 LabViEW 界面及程序框图

(a) 电堆正反面图

(b) 控制器实物图

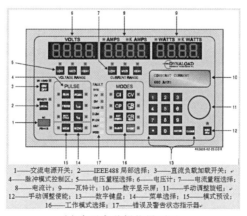

1——交流电源开关；2——IEEE488 局部选择；3——直流负载加载开关；
4——脉冲模式控制区；5——电压量程选择；6——电压计；7——电流量程选择；
8——电流计；9——瓦特计；10——数字显示屏；11——手动调整旋钮；
12——手动调整使能；13——数字键盘；14——菜单选择；15——模式预设；
16——工作模式选择；17——错误及警告状态指示器。

(c) 电子负载操作界面图

图 A-2 第 5 章试验部分实物图

附录 B

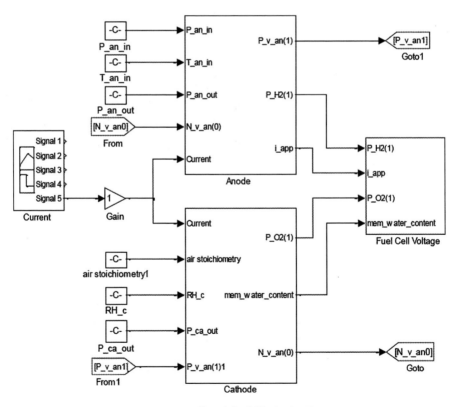

图 B‑1   第 5 章数学模型总框图

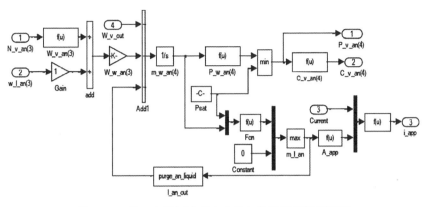

图 B‑2　第 5 章阳极流道内水蒸气传输数学模型框图

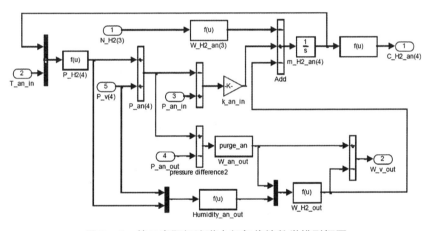

图 B‑3　第 5 章阳极流道内氢气传输数学模型框图

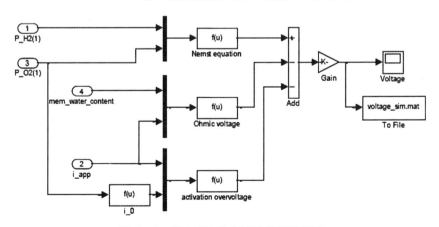

图 B‑4　第 5 章输出电压数学模型框图

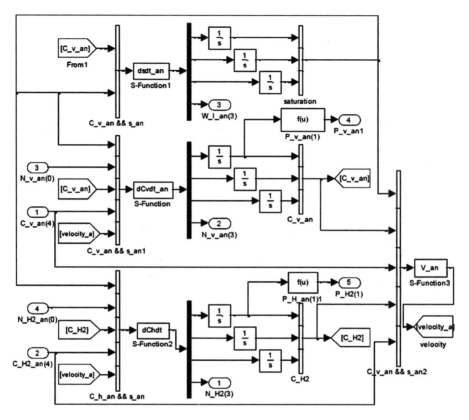

图 B‑5　第 5 章阳极扩散层反应物传输数学模型框图

参考文献

［1］ Wang Z H，Wang C Y，Chen K S. Two-phase flow and transport in the air cathode of proton exchange membrane fuel cells［J］. Journal of Power Sources，2001，94：40－50.

［2］ Sun P T，Xue G R，Wang C Y，et al. Fast numerical simulation of two-phase transport model in the cathode of a polymer electrolyte fuel cell［J］. Communications in computational physics，2009，6(1)：49－71.

［3］ 衣宝廉.燃料电池-原理技术应用［M］.北京：化学工业出版社，2003：1－2.

［4］ Barbir F. PEM Fuel Cells：Theory and Practice［M］. Burlington，MA：Elsevier Academic Press，2005.

［5］ http：//www.fuelcelltoday.com［2012－6－29］.

［6］ Larminie J，Dicks A. Fuel Cell Systems Explained，2nd Edition［M］. Wiley，2003.

［7］ 周苏,牛继高,徐春华,等.全数字控制的燃料电池应急电源设计［J］.电源技术，2011,36(2)：188－191.

［8］ http：//www1.eere.energy.gov/hydrogenandfuelcells/fuelcells/fc_types.html［2012－2－11］.

［9］ Spiegel C. PEM Fuel Cell Modeling and Simulation Using Matlab. Burlington，MA：Elsevier Academic Press，2008.

[10] Gasteiger H A, Gu W, Makharia R, et al. Catalyst utilization and mass transfer limitations in the polymer electrolyte fuel cells[C]. In Electrochemical Society Meeting, Orlando, FL, 2003.

[11] Springer T E, Zawodzinski T A, Gottesfeld S. Polymer electrolyte fuel cell model[J]. Journal of the Electrochemical Society, 1991, 138(8): 2334 - 2342.

[12] Wang Y, Wang C Y, Chen K S. Elucidating differences between carbon paper and carbon cloth in polymer electrolyte fuel cells[J]. Electrochimica Acta, 2007, 52: 3965 - 3975.

[13] 周平. 燃料电池封装力学及多相微流动[D]. 大连：大连理工大学, 2009.

[14] Kim J, Lee S M, Srinivasan S, et al. Modeling of proton exchange fuel cell performance with an empirical equation[J]. Journal of the Electrochemical Society, 1995, 142(8): 2670 - 2674.

[15] Lipman T, Sperling D. Handbook of fuel cells: fundamentals, technology and applications[M]. John Wiley & Sons, Ltd, 2003.

[16] http://www.fuelcell.org[2012 - 6 - 29].

[17] http://www.gm.com[2012 - 6 - 29].

[18] http://www.cafcp.org[2012 - 6 - 29].

[19] http://www.hydrogen.energy.gov/pdfs/11012_fuel_cell_system_cost.pdf [2012 - 6 - 29].

[20] Andress D, Das S, Joseck F, et al. Status of advanced light-duty transportation technologies in the us[J]. Energy Policy, 2012, 41: 348 - 364.

[21] Wu G, More K L, Johnston C M, et al. High-performance electrocatalysts for oxygen reduction derived from polyaniline, iron, and cobalt[J]. Science, 2011, 22: 443 - 447.

[22] Wang Y, Chen K S, Mishler J, et al. High-performance electrocatalysts for oxygen reduction derived from polyaniline, iron, and cobalt. Science, 2011, 88: 981 - 1107.

[23] http://www.hydrogen.energy.gov/pdfs/review08/fc_26_borup.pdf[2012 - 2 - 11].

[24] Borup R, Meyers J, Pivovar B, et al. Scientific aspects of polymer electrolyte fuel cell durability and degradation [J]. Chemical Reviews, 2007, 107: 3904－3951.

[25] 衣宝廉,侯明. 车用燃料电池耐久性的解决策略[J]. 汽车安全与节能学报,2011, 2(2)：91－100.

[26] Büchi F N, Inaba M, Schmidt T J. Polymer Electrolyte Fuel Cell Durability [M]. Springer, 2009.

[27] Wu J F, Yuan X Z, Martin J J, et al. A review of pem fuel cell durability: Degradation mechanisms and mitigation strategies[J]. Journal of Power Sources, 2008, 184: 104－119.

[28] http://www. world. honda. com/FuelCell/FCX/FCXPK. pdf[2012－6－29].

[29] Shen Q, Hou M, Liang D, et al. Study on the processes of start-up and shutdown in proton exchange membrane fuel cells[J]. Journal of Power Sources, 2009, 189: 1114－1119.

[30] http://www. freepatentsonline. com/20110171547. pdf[2012－6－29].

[31] 翟双,周苏,陈凤祥,等. 质子交换膜燃料电池分布参数模型数值仿真研究进展 [J].同济大学学报,2012,40(6)：127－132.

[32] 陈磊涛,许思传,常国峰. 混合动力汽车动力电池热管理系统流场特性研究[J]. 汽车工程, 2009,31(1)：224－227.

[33] Um S, Wang C Y. Three dimensional analysis of transport and reaction in proton exchange membrane fuel cell[C]//The 2000 ASME International Mechanical Engineering Congress & Exposition.

[34] Sun W, Peppley B A, Karan K. Modeling the influence of gdl and flow-field plate parameters on the reaction distribution in the pemfc cathode catalyst layer [J]. Journal of Power Sources, 2005, 144(1)：42－53.

[35] Shimpalee S, Van Zee J W. Numerical studies on rib & channel dimension of flow-field on pemfc performance[J]. International Journal of Hydrogen Energy, 2007, 32(7)：842－856.

[36] Shimpalee S, Greenway S, Van Zee J W. The impact of channel path length on pemfc flow-field design[J]. Journal of Power Sources, 2006, 161(1): 398 – 406.

[37] Kuo J K, Chen C K. Evaluating the enhanced performance of a novel wave-like form gas flow channel in the pemfc using the field synergy principle[J]. Journal of Power Sources, 2006, 162(2): 1122 – 1129.

[38] Arato E, Pinna M, Costa P. Gas-phase mass-transfer resistance at pemfc electrodes part 2. effects of the flow geometry and the related pressure field[J]. Journal of Power Sources, 2006, 158(1): 206 – 212.

[39] Sun L, Atiyeh H, Oosthuizen P H, et al. Validation of a numerical model for prediction of the pressure distribution in pemfc flow field plates with a serpentine channel[C]. //In 4th International Conference on Nanochannels, Microchannels, and Minichannels, 2006: 453 – 460.

[40] Khajeh-Hosseini-Dalasm N, Kermani M J, Moghaddam D G, et al. A parametric study of cathode catalyst layer structural parameters on the performance of a pem fuel cell [J]. International Journal of Hydrogen Energy, 2010, 35 (6): 2417 – 2427.

[41] Seddiq M, Khaleghi H, Mirzaei M. Parametric study of operation and performance of a pem fuel cell using numerical method[J]. Iranian Journal of Chemistry & Chemical Engineering-International (English Edition), 2008, 27(2): 1 – 12.

[42] Berning T, Djilali N. Three-dimensional computational analysis of transport phenomena in a pem fuel cell — a parametric study[J]. Journal of Power Sources, 2003, 124(2): 440 – 452.

[43] Wang L, Husar A, Zhou T H, et al. A parametric study of pem fuel cell performances [J]. International Journal of Hydrogen Energy, 2003, 28: 1263 – 1272.

[44] Sadiq Al-Baghdadi M A R, Shahad Al-Janabi H A K. Parametric and optimization study of a pem fuel cell performance using three-dimensional

computational fluid dynamics model[J]. Renewable Energy, 2007, 32(7): 1077 – 1101.

[45] Sun P T, Zhou S. Numerical studies of thermal transport and mechanical effects due to thermal-inertia loading in pemfc stack in subfreezing environment[J]. Journal of Fuel Cell Science and Technology, 2011, 8(1): 011010 – 1 – 011010 – 24.

[46] Wang Y, Wang C Y. Two-phase transients of polymer electrolyte fuel cells[J]. Journal of the Electrochemical Society, 2007, 154(7): B636 – B643.

[47] Wang Y, Wang C Y. Transient analysis of polymer electrolyte fuel cells[J]. Electrochimica Acta, 2005, 150: 1307 – 1315.

[48] Wang Y, Wang C Y. Dynamics of polymer electrolyte fuel cells undergoing load changes[J]. Electrochimica Acta, 2006, 51: 3924 – 3933.

[49] Meng H. Numerical investigation of transient responses of a pem fuel cell using a two-phase non-isothermal mixed-domain model[J]. Journal of Power Sources, 2007, 171: 738 – 746.

[50] Shimpalee S, Spuckler D, Van Zee J W. Prediction of transient response for a 25-cm² pem fuel cell[J]. Journal of Power Sources, 2007, 167: 130 – 138.

[51] Shimpalee S, Lee W, Van Zee J W, et al. Predicting the transient response of a serpentine flow-field pemfc: I. excess to normal fuel and air[J]. Journal of Power Sources, 2006, 156(2): 355 – 368.

[52] Shimpalee S, Lee W, Van Zee J W, et al. Predicting the transient response of a serpentine flow-field pemfc: Ii. normal to minimal fuel and air[J]. Journal of Power Sources, 2006, 156(2): 369 – 374.

[53] Mao L, Wang C Y, Tabuchi Y. A multiphase model for cold start of polymer electrolyte fuel cells[J]. Journal of the Electrochemical Society, 2007, 154(3): B341 – B351.

[54] Mao L, Wang C Y. Analysis of cold start in polymer electrolyte fuel cells[J]. Journal of the Electrochemical Society, 2007, 154(2): B139 – B146.

[55] Ge S H, Wang C Y. Characteristics of subzero startup and water/ice formation on the catalyst layer in a polymer electrolyte fuel cell[J]. Electrochimica Acta, 2007, 52: 4825 - 4835.

[56] Ge S H, Wang C Y. Cyclic voltammetry study of ice formation in the pefc catalyst layer during cold start[J]. Journal of the Electrochemical Society, 2007, 154(12): B1399 - B1406.

[57] Tajiri K, Tabuchi Y, Kagami F, et al. Effects of operating and design parameters on pefc cold start[J]. Journal of Power Sources, 2007, 165: 279 - 286.

[58] Jiang F M, Fang W F, Wang C Y. Non-isothermal cold start of polymer electrolyte fuel cells[J]. Electrochimica Acta, 2007, 53: 610 - 621.

[59] Jiang F M, Wang C Y. Potentiostatic start-up of pemfcs from subzero temperatures[J]. Journal of the Electrochemical Society, 2008, 155 (7): B743 - B751.

[60] Yang X G, Tabuchi Y, Kagami F, et al. Durability of membrane electrode assemblies under polymer electrolyte fuel cell cold-start cycling[J]. Journal of the Electrochemical Society, 2008, 155(7): B752 - B761.

[61] Sinha P K, Wang C Y. Gas purge in a polymer electrolyte fuel cell[J]. Journal of the Electrochemical Society, 2007, 154(11): B1158 - B1166.

[62] Tajiri K, Wang C Y, Tabuchi Y. Water removal from a pefc during gas purge [J]. Electrochimica Acta, 2008, 53: 6337 - 6343.

[63] 周苏,李壮运,翟双,等. Pemfc 电堆建模及特殊工况动态分析[J]. 太阳能学报, 2011,32(7): 1121 - 1128.

[64] 林鸿,陶文铨. 质子交换膜燃料电池的三维数值模拟[J]. 西安交通大学学报, 2008,42(1): 41 - 46.

[65] Shimpalee S, Ohashi M, Van Zee J W, et al. Experimental and numerical studies of portable pemfc stack[J]. Electrochimica Acta, 2009, 54: 2899 - 2911.

[66] Mustata R, Valiňo L, Barreras F, et al. Study of the distribution of air flow in a

proton exchange membrane fuel cell stack[J]. Journal of Power Sources, 2009, 192: 185 – 189.

[67] Cheng C H, Lin H H. Study of the distribution of air flow in a proton exchange membrane fuel cell stack[J]. Journal of Power Sources, 2009, 194: 349 – 359.

[68] Karimi G, Jafarpour F, Li X. Characterization of flooding and two-phase flow in polymer electrolyte membrane fuel cell stacks[J]. Journal of Power Sources, 2009, 187: 156 – 164.

[69] Cheng C H, Jung S P, Yen S C. Flow distribution in the manifold of pem fuel cell stack[J]. Journal of Power Sources, 2007, 173: 249 – 263.

[70] Le A D, Zhou B. A numerical investigation on multi-phase transport phenomena in a proton exchange membrane fuel cell stack[J]. Journal of Power Sources, 2010, 195: 5278 – 5291.

[71] Le A D, Zhou B. A 3d single-phase numerical model for a pemfc stack[C]. In Proceeding of seventh international fuel cell science, engineering and technology conference, 2009: 91 – 100.

[72] Adzakpa K P, Ramoussea J, et al Dubé Y. Transient air cooling thermal modeling of a pem fuel cell[J]. Journal of Power Sources, 2008, 179: 164 – 176.

[73] Khan M J, Iqbal M T. Modelling and analysis of electrochemical, thermal, and reactant flow dynamics for a pem fuel cell system[J]. Fuel Cells, 2005, 5(4): 463 – 475.

[74] Musio F, Tacchi F, Omati L. Pemfc system simulation in matlab-simulink environment [J]. International Journal of Hydrogen Energy, 2011, 36: 8045 – 8052.

[75] Kunusch C, Puleston P F, Mayosky M A, et al. Control-oriented modeling and experimental validation of a pemfc generation system[J]. Ieee Transactions on Energy Conversion, 2011, 26(3): 851 – 861.

[76] Zhang J Z, Liu G D, Yu W S, et al. Adaptive control of the airflow of a pem fuel cell system[J]. Journal of Power Sources, 2008, 179(2): 649 – 659.

[77] Li X, Deng Z H, Wei D, et al. Novel variable structure control for the temperature of pem fuel cell stack based on the dynamic thermal affine model[J]. Energy Conversion and Management, 2011, 52(11): 3256 – 3274.

[78] Bao C, Ouyang M G, Yi B L. Modeling and control of air stream and hydrogen flow with recirculation in a pem fuel cell system-i. control-oriented modeling[J]. International Journal of Hydrogen Energy, 2006, 31(13): 1879 – 1896.

[79] Bao C, Ouyang M G, Yi B L. Modeling and control of air stream and hydrogen flow with recirculation in a pem fuel cell system-ii. linear and adaptive nonlinear control [J]. International Journal of Hydrogen Energy, 2006, 31 (13): 1897 – 1913.

[80] Panos C, Kouramas K I, Georgiadis M C, et al. Modelling and explicit model predictive control for pem fuel cell systems[J]. Chemical Engineering Science, 2012, 67(1): 15 – 25.

[81] Zhou P, Wu C W. Numerical study on the compression effect of gas diffusion layer on pemfc performance[J]. Journal of Power Sources, 2007, 170 (1): 93 – 100.

[82] Zhou P, Wu C W, Ma G L. Influence of clamping force on the performance of pemfcs[J]. Journal of Power Sources, 2006, 163(2): 874 – 881.

[83] Zhou P, Lin P, Wu C W. Effect of nonuniformity of the contact pressure distribution on the electrical contact resistance in proton exchange membrane fuel cells[J]. International Journal of Hydrogen Energy, 2011, 36(10): 6039 – 6044.

[84] del Real A, Arce A, Bordons C. Development and experimental validation of a pem fuel cell dynamic model[J]. Journal of Power Sources, 2007, 173(1): 310 – 324.

[85] Kadyk T, Hanke-Rauschenbach R, Sundmacher K. Nonlinear frequency response analysis of pem fuel cells for diagnosis of dehydration, flooding and co-poisoning[J]. Journal of Electroanalytical Chemistry, 2009, 630: 19 – 27.

[86] Kadyk T, Hanke-Rauschenbach R, Sundmacher K. Nonlinear frequency response analysis for the diagnosis of carbon monoxide poisoning in pem fuel cell

anodes[J]. Journal of Applied Electrochemistry, 2011, 49(1): 1021 - 1032.

[87] Zhai S, Sun P T, Chen F X, et al. Collaborative simulation for dynamical pemfc power systems[J]. International Journal of Hydrogen Energy, 2010, 35(12): 8772 - 8782.

[88] 邹志育, 周苏, 陈凤祥. 基于 simulink/fire 的 pemfc 系统的联合仿真[J]. 青岛大学学报, 2009, 24(4): 30 - 37.

[89] 贺明艳, 周苏, 黄自萍, 等. 基于 simulink/fluent 的 pemfc 系统的协同仿真[J]. 系统仿真学报, 2011, 23(1): 38 - 43.

[90] Ju H, Meng H, Wang C Y. A single-phase, non-isothermal model for pem fuel cells [J]. International Journal of Heat and Mass Transfer, 2005, 48: 1303 - 1315.

[91] Basu S, Wang C Y, Chen K S. Phase change in a polymer electrolyte fuel cell [J]. Journal of the Electrochemical Society, 2009, 156(6): B748 - B756.

[92] Meng H, Wang C Y. Electron transport in pefcs [J]. Journal of the Electrochemical Society, 2004, 151(3): A358 - A367.

[93] Wang C Y. Fundamental models for fuel cell engineering[J]. Chemical Reviews, 2004, 104: 4727 - 4766.

[94] Pasaogullari U, Wang C Y. Two-phase modeling and flooding prediction of polymer electrolyte fuel cells[J]. Journal of the Electrochemical Society, 2005, 152(2): A380 - A390.

[95] Le A D, Zhou B. A general model of proton exchange membrane fuel cell[J]. Journal of Power Sources, 2008, 182(1): 197 - 222.

[96] 2006 Fluent Inc. FLUENT 6.3 Documentation User's Guide. Lebanon, NH 03766.

[97] Ahluwalia R K, Wang X. Buildup of nitrogen in direct hydrogen polymer-electrolyte fuel cell stacks[J]. Journal of Power Sources, 2007, 171: 63 - 71.

[98] 周苏, 纪光霁, 马天才, 等. 车用质子交换膜燃料电池系统技术现状[J]. 汽车工程, 2009, 31(6): 489 - 495.

［99］ Yan W M，Chen F，Wu H Y. Analysis of thermal and water management with temperature-dependent diffusion effects in membrane of proton exchange membrane fuel cells［J］. Journal of Power Sources，2004，129(2)：127－137.

［100］ 王能超. 数值分析简明教程［M］.北京：高等教育出版社，2003.

［101］ 李进良，李成曦，胡仁喜，等.精通 Fluent 6.3 流场分析［M］.北京：化学工业出版社，2009.

［102］ 韩占忠，王敬，兰小平.Fluent－流体工程仿真计算实例与应用［M］.北京：北京理工大学出版社(第二版)，2010.

［103］ 王瑞金，张凯，王刚，等.Fluent 技术基础与应用实例［M］.北京：清华大学出版社，2007.

［104］ Ju H，Wang C Y. Experimental validation of a pem fuel cell model by current distribution data［J］. Journal of the Electrochemical Society，2004，151：1954－1960.

［105］ Sun P T，Xue G R，Wang C Y，et al. A domain decomposition method for two-phase transport model in the cathode of a polymer electrolyte fuel cell［J］. Journal of Computational Physics，2009，228：6016－6036.

［106］ Pasaogullari U，Wang C Y. Computational fluid dynamics modeling of proton exchange membrane fuel cells using fluent. http://mtrl1. me. psu. edu/ Document/flugm02pasaogullariwang. pdf.

［107］ Um S，Wang C Y. Three-dimensional analysis of transport and electrochemical reaction in polymer electrolyte fuel cells［J］. Journal of Power Sources，2004，125：40－51.

［108］ Qu S G，Li X J，Hou M，et al. The effect of air stoichiometry change on the dynamic behavior of a proton exchange membrane fuel cell［J］. Journal of Power Sources，2008，185：302－310.

［109］ Roy A，Fazi S M，Pasaogullari U，et al. Transient computational analysis of proton exchange membrane fuel cells during load change and non-isothermal start-up［C］.//In Proceeding of Seventh International Fuel Cell Science，

Engineering and Technology Conference，2009：429－438.

[110] Cho J，Kim H S，Min K. Transient response of a unit protonexchange membrane fuel cell under various operating conditions[J]. Journal of Power Sources，2008，185(1)：118－128.

[111] 周苏,张传升,陈凤祥.车用高压质子交换膜燃料电池系统建模与仿真[J].系统仿真学报,2011,23(7)：1469－1476.

[112] 丁明超. Pem燃料电池的purge研究[D].上海：同济大学,2011.

[113] www. nrel. gov/hydrogen/pdfs/39104. pdf［2012－6－29］.

[114] 龙华伟,顾永刚. LabVIEW 8. 2. 1与DAQ数据采集[M].北京：清华大学出版社,2008.

[115] Yong T，Wei Y，Pan M Q，et al. Experimental investigation of dynamic performance and transient responses of a kw-class pem fuel cell stack under various load changes[J]. Applied Energy，2010，87：1410－1417.

[116] Gao F，Blunier B，Miraoui A，et al. Proton exchange membrane fuel cell multi-physical dynamics and stack spatial non-homogeneity analyses[J]. Journal of Power Sources，2010，195：7609－7626.

[117] Park Y H，Caton J A. Development of a pem stack and performance analysis including the effects of water content in the membrane and cooling method[J]. Journal of Power Sources，2008，179：584－591.

[118] Shan Y，Choe S Y. Modeling and simulation of a pem fuel cell stack considering temperature effects[J]. Journal of Power Sources，2006，158：274－286.

[119] Park S K，Choe S Y. Dynamic modeling and analysis of a 20-cell pem fuel cell stack considering temperature and two-phase effects[J]. Journal of Power Sources，2008，179：660－672.

[120] Park S K，Choe S Y. Modeling and experimental analyses of a two-cell polymer electrolyte membrane fuel cell stack emphasizing individual cell characteristics[J]. Journal of Fuel Cell Science and Technology，2009，6(1)：660－672.

[121] Park J，Li X G. Effect of flow and temperature distribution on the performance

of a pem fuel cell stack[J]. Journal of Power Sources, 2006, 162: 444 - 459.

[122] Lee H I, Lee C H, Oh T Y. Development of 1kw class polymer electrolyte membrane fuel cell power generation system[J]. Journal of Power Sources, 2002, 107: 110 - 119.

[123] Cheng C H, Lin H H. Numerical analysis of effects of flow channel size on reactant transport in a proton exchange membrane fuel cell stack[J]. Journal of Power Sources, 2009, 194: 349 - 359.

[124] Hensel J P, Gemmen R S, Thornton J D, et al. Effects of cell-to-cell fuel mal-distribution on fuel cell performance and a means to reduce mal-distribution using mems micro-valves[J]. Journal of Power Sources, 2007, 164: 115 - 125.

[125] Ahna S Y, Shinb S J, Hab H Y, et al. Performance and lifetime analysis of the kw-class pemfc stack[J]. Journal of Power Sources, 2002, 106: 295 - 303.

[126] Scholta J, Berg N, Wilde P, et al. Development and performance of a 10 kW pemfc stack[J]. Journal of Power Sources, 2004, 127: 206 - 212.

[127] Yang T, Shi P F. A preliminary study of a six-cell stack with dead-end anode and openslits cathode[J]. International Journal of Hydrogen Energy, 2008, 33: 2795 - 2801.

[128] Kin S, Hong I. Effects of humidity and temperature on a proton exchange membrane fuel cell (pemfc) stack[J]. Journal of Industrial and Engineering Chemistry, 2008, 14: 357 - 364.

[129] Hu M G, Sui S, Zhu X J, et al. A 10 kW class pem fuel cell stack based on the catalystcoated membrane (ccm) method[J]. International Journal of Hydrogen Energy, 2006, 31: 1010 - 1018.

[130] Corbo P, Migliardini F, Veneri O. Dynamic behaviour of hydrogen fuel cells for automotive application[J]. ISESCO Science and Technology Vision, 2008, 4(6): 48 - 54.

[131] Mocoteguy P, Ludwig B, Scholta J, et al. Long term testing in continuous mode of htpemfc based $h_3 po_4$ pbi celtec-p meas for μ-chp applications[J]. Fuel

Cells, 2009, 4: 325 - 348.

[132] Squadrito G, Barbera O, Giacoppo G, et al. Polymer electrolyte fuel cell stacks at cnritae: State of the art[J]. Journal of Fuel Cell Science and Technology, 2007, 4: 350 - 356.

[133] Mokmeli A, Asghari S. An investigation into the effect of anode purging on the fuel cell performance[J]. International Journal of Hydrogen Energy, 2010, 35: 9276 - 9282.

[134] Himanen O, Hottinen T, Tuurala S. Operation of a planar free-breathing pemfc in a dead-end mode[J]. Electrochemistry Communications, 2007, 9: 891 - 894.

[135] Corbo P, Migliardini F, Veneri O. Dynamic behaviour of hydrogen fuel cells for automotive application[J]. Renewable Energy, 2009, 34: 1955 - 1961.

[136] Bussayajarn N, Ming H, Hoong K K, et al. Planar air breathing pemfc with selfhumidifying mea and open cathode geometry design for portable applications [J]. International Journal of Hydrogen Energy, 2009, 34: 7761 - 7767.

[137] Fabian T, Posner J D, Ohayre R, et al. The role of ambient conditions on the performance of a planar, airbreathing hydrogen pem fuel cell[J]. Journal of Power Sources, 2006, 161: 168 - 182.

[138] www. nrel. gov/hydrogen/pdfs/39104. pdf[2012 - 6 - 29].

[139] Xiao Y, Ming P W, Hou M, et al. The critical pressure drop for the purge process in the anode of a fuel cell[J]. Journal of Power Sources, 2009, 188: 163 - 169.

[140] Smith P, Zappe R W. Valve selection handbook: engineering fundamentals for selecting the right valve design for every industrial flow application. Burlington: Elsevier, 2003.

[141] Venkatraman M, Shimpalee S, Van Zee J W, et al. Estimates of pressure gradients in pemfc gas channels due to blockage by static liquid drops[J]. International Journal of Hydrogen Energy, 2009, 34: 5522 - 5528.

[142] McKay D A, Ott W T, Stefanopoulou A G. Modeling, parameter

identification, and validation of reactant and water dynamics for a fuel cell stack [C]. //In Proceedings of the 2005 ASME International Mechanical Engineering Congress Exposition, 2005, 1177 - 1186.

[143] McKay D A, Siegel J B, Ott W T, et al. Parameterization and prediction of temporal fuel cell voltage behavior during flooding and drying conditions[J]. Journal of Power Sources, 2008, 178: 207 - 222.

[144] McKay D A. Stack level modeling and validation of low temperature fuel cells and systems for active water management[D]. University of Michigan, Ann Arbor, MI, USA, 2008.

[145] Siegel J B, McKay D A, and Stefanopoulou A G. Modeling and validation of fuel cell water dynamics using neutron imaging[C]. //In American Control Conference: Seattle, WA, 2008: 2573 - 2578.

后 记

——谨以此纪念我的学生生涯

本书是根据笔者的博士论文撰写而成。

小时候,我家门前有条铁路,无数童年趣事都发生在那里。我常指着笔直的、逐渐消失在远方的铁路问爷爷:"如果顺着铁路一直往东走是哪里?"爷爷说:"是县城。"我接着问:"那过了县城再往东,是不是就到天边快摸到太阳了?"他摸着我的头和蔼地说:"等你长大了,上了初中、高中和大学,就知道了。"

可以用一句话概括小学与初中生涯:用顽皮、捣蛋、以学习为耻的态度混完了从小学一年级到初中三年级,不想就此终止学业的我被迫复读一年,次年考入县高中。

就这样,我顺着铁路向东,来到了县城,开始知道思考人生。感谢好友魏占宇,正是在你的熏陶下,使我学会用理解代替了死记硬背的学习方式,也正是你常常不经意地拿张世界地图指点江山,让我知道了世界有多么大。感谢好友李国奇,你学习上的专注认真态度永远都是我学习的榜样,高中时由于缺少床位,我们两人挤一张床睡在班级讲台上的经历至今都是我宝贵的记忆。

由于本人脑子愚钝加上心理素质差,导致高考失利。路人一句:师范院校学习风气好,容易考研,让我义无反顾地选择了不是心仪的大学信阳师范学院,决定卧薪尝胆四年后再来。也正是如此,四年的大学生活里我没有迷失方向。感谢好友张全国,你淡定、与世无争的生活态度,总能让我浮躁的心情平静下来,追求值得追求的美好事物,也感谢你考研期间与我的相互鼓励与支持。感谢郝勇教授、彭玉成教授、胡余旺教授、张盛祝教授、杨金根和王霞老师,从你们身上不但学到了理论知识,更学到了你们豁达、积极的心态。郝勇老师的一句"高尚的人只有好奇心,没有嫉妒心",彭玉成老师的一句"穷人的孩子只能靠勤劳和诚实立足",我至今不忘。

我继续向东走,来到了上海同济大学攻读研究生。感谢硕士导师黄自萍教授将我带入了燃料电池数值计算领域,感谢博士导师周苏教授三年多来在本人研究方向选题、撰写等方面的悉心指导,可以说,本书的每一章节都倾注了周老师的心血。您废寝忘食、严谨的工作态度,对学生的平易近人、学术上的高屋建瓴永远是我学习的榜样。感谢陈凤祥老师、王玎(cheng)师兄、张传升师兄、纪光霁师兄,同门贺明艳、牛继高、高昆鹏、裴冯来、王丙朝、胡哲、郑岚、李壮运、丁明超等对我学习与生活上的支持与帮助,正是大家一起营造的团结向上的氛围,使得原本枯燥的科研变得让人向往,单调的生活变得生动起来。

博士期间,在同济大学"985三期短期访问基金"和"学术新人奖"的支持下,我接着向东走,来到美国内华达大学拉斯维加斯分校进行为期三个月的访问。在此期间,不管是学术研究还是生活阅历上,我都有很大的收获。感谢孙澎涛教授一家对我生活上的照顾,更感谢孙老师在我论文写作期间,从文章布局、英文撰写等各个方面对我耐心细致的指导,您严谨的学术态度总能潜移默化地使我浮躁的学习变得沉稳。

博士期间,除了在学习上有所斩获外,还遇到了女友张晶晶。能够与你一起读研、提前攻博,分享我们彼此论文被杂志接收后激动的心情,获得奖学金时的快乐,同时同地或同时不同地地一起跑步,交流对学习和生活的感悟真的是人生的一大幸事。正是因为你,使我原本木讷的性格变得开朗;正是因为你,使得我们一起战胜了博士期间遇到的一切生活与学习上的坎坷,并一路向前。

感谢近三十年来,父亲翟玉海、母亲刘青芝对我含辛茹苦的培养,你们从来没有刻意地教导过我,但是你们对老人不辞辛苦的照顾,对小孩无微不至的关心,为了家庭无怨无悔的付出,以及面对困难时的从容态度,永不放弃的精神,已在儿子幼时的心灵里扎根,也使得我总是能够用积极的心态对待身边的人和事。感谢妹妹翟园园多年来为家庭所做的贡献,同时感谢各位表兄妹在我求学期间的帮助。

感谢对本书审阅并提出宝贵修改建议的上汽集团新能源事业部副总经理黄晨东博士、总监陈雪松博士、上海交通大学的朱新坚教授、华东理工大学的漆志文教授、同济大学的林瑞教授、汪镭教授以及匿名评审的各位专家。

如果以后有机会继续向东走。我不确定能到哪里,但是怀着希望、学习的态度前行,我相信总能不断地学到新的知识,充实自己。向东走,可能会重新回到起点,但是我内心的视野远远超过了肉眼看到的距离。

翟　双